U0102746

原口秀昭＝著　　林郁汝＝譯

圖解木造建築入門

導論

在現今台灣，木造建築佔整體建築不到 **1%**，幾乎只存在於傳統閩南建築和日式建築。相較於鋼筋混凝土（**RC**）及鋼骨結構（**SS**），木材是較環保的建材，據統計，鋼筋混凝土及鋼骨結構每單位建築面積碳排放約是木結構的 **3.5 ~ 4.5** 倍。

除此之外，木造建築有許多優點，例如廢材回收再利用效益高、固碳功能佳、施工期短、自動調節室內溫濕度、防蟎防黴等。但木結構若未能正確選材、細部設計、施工品管、使用維護等處理，可能會產生耐震差、易燃、易腐朽及耐久性差等缺點。

早期台灣引進北美木結構時，或因不了解正確工法順序或忽略了關鍵細節，以致木結構不出幾年就開始腐朽，這也是木造建築無法在台灣大力推展的主因，反倒讓會製造出大量碳排放的鋼筋混凝土及鋼骨結構卻成為建築市場的主流。

然而，就氣候而言，美國邁阿密，無論年降雨、溫濕度都與台灣相似，也都會受颱風侵襲，但木造建築卻是當地住宅主流。同樣地，受到地震及颱風侵襲的日本，雖然是高度都市化的國家，其住宅仍以木造建築為主流。

因此，政府在推動節能減碳的「綠建築」政策中，推廣木造建築住宅也列為一項不可或缺的重要工作。而為了順利推動木造建築，內政部營建署已公佈「木構造建築物設計及施工技術規範」，並委託中華木質構造建築協會編輯「樑柱工法木構造建築物（住宅）之施工技術手冊」提供參考。

除了政府的相關法規訂定，實質上的推廣，當然還是要由消費者及業者來促成。台灣都市化過於集中，高樓比例不少，不過仍有不少中低層建築，而這類建築應該是很適合採用木構造的。

由於木結構技術規範與施工手冊中特有的專有名詞過於艱澀難懂，且坊間相關木結構建築的參考書籍甚少，容易讓初學者馬上退卻。而積木文化出版這本由原口秀昭所著的《圖解木造建築入門》，是本簡單易懂且內容豐富的入門書籍。作者以一問一答方式，搭配容易理解又輕鬆詼諧的插圖，並依建築工程興建順序，由下（基礎）到上（屋頂）、由外部裝修到內部裝潢，完整地介紹木造建築主體結構、內外裝潢專有名詞、基本知識、工法、細部處理，讓初學者逐一釐清觀念，輕鬆地學習木結構相關知識。

台灣大學土木工程系　系主任　呂良正
台灣大學土木工程系　博士班　唐瑢書

推薦序一

從建築的生命週期觀點而言，木造建築具備了資源永續循環、低耗能加工、環保工法、生態型式與儲碳減廢等特質，正呼應著當前節能減碳的訴求，在對抗全球暖化的行動機制中也扮演著積極正面的角色，國外許多先進國家更紛紛以木造建築作為優先選擇的健康居住型態，因此在工法創新與材料運用方面也與時俱進。

近年來，木造建築在台灣也有成長之趨勢，專業者乃至於社會大眾已漸漸摒除以往對木造建築的刻板觀念，但在設計實務到營造的過程中，仍然苦於對法規解讀的困擾與長久以來主流營建教育中的知識斷層，終究心有餘而力有未逮。

《圖解木造建築入門》一書的出版是令人興奮的，作者——原口秀昭用生動淺顯的Q&A寫作方式與表達技巧，有系統的依照營建的邏輯順序，不僅深入淺出的說明木造建築須要掌握的規劃與設計基礎知識（包括材料規格、尺寸與構造系統），更進一步以詼諧的圖解與詳細的文字說明木造建築中各個工項與常見的基本設施；既沒有一般專業知識書籍的艱澀，也不須被繁瑣的公式與計算所束縛，全書看似輕鬆自然，實際上展現了作者投注於科普教育的功力。

此外，書中介紹的兩種木造建築型態：框組式與梁柱式工法，也是目前國內最常見的系統工法，能有系統的提供足夠知識給想一窺木建築內容的讀者，即便是對建築相關的專業人士而言，也是極富參考價值的入門書籍。

國立高雄大學都市發展與建築研究所　副教授兼所長　陳啟仁

推薦序二

木造建築在北美及日本是非常普遍的構造方式，也是最符合環保與綠建築的構造方式。然而在台灣，木造建築非常稀少，有關木造建築的中文書籍更是稀少。過去想學習木造建築的人，大多只能由外文書籍去尋求解答。也因此在台灣不論是業界或學界，對木造建築的認知非常陌生。但是如今在環保及健康居住品質意識高漲的潮流之下，木造建築的需求在台灣將日益增多。

原口秀昭教授的《木造建築入門》，利用深入淺出的方式，由木材的基本尺寸，到木構造工法，隔熱防水以及室內外裝修，將木造建築完整的介紹給讀者。任何想認識木構造建築的人，不論是學生、老師、建築師、設計師、營造廠或是業主，都可由這本入門的書籍得到寶貴的木造建築知識。這本書中文版能在台灣發行，將對本地的學界及業界帶來極大的幫助。

我非常欣賞原口秀昭先生利用**Q&A**及插圖的方式，能將一套複雜的學問，清楚明白的傳授出來。這是我過去在教學或演講時，想做卻還不能做到的地方，因此我非常樂意為國人推薦這本好書。

推薦這本書之時，竟然發現原口秀昭教授與我是同年出生，同一年大學建築系畢業，同一年取得碩士學位。這樣的巧合真是一種特殊的緣分，也因此我衷心的期待這一本好書能在台灣廣受歡迎，也可以造福眾多的讀者。

建築師、考工記工程顧問有限公司　負責人　洪育成

作者序

「木造建築」是一門在任何學校都不易教導及學習的課程。在教學的程序上，木造建築通常會安排在鋼筋混凝土或鋼骨結構建築之前；剛開始從事設計時，也常會從木造建築入門。但木造建築的結構繁複，與鋼筋混凝土或鋼骨結構建築差異較大，例如梁的上端是在同一個平面，卻因為木造建築有悠久的傳統，在軸組或裝飾材上因而出現許多專有名詞。因此，木造建築的梁柱構架式工法其實是複雜且困難的，這是初學者的一大障礙，卻也可以增添許多樂趣。

設計製圖的課程上，一般會從複製木造建築的設計圖開始。有很多不懂木造建築原理、不懂到底畫了什麼就開始畫設計圖的學生；也有覺得要將所有概念都理解後才來畫圖，卻可能到最後都畫不了，所以索性讓學生先複製設計圖的老師。但如果不清楚設計圖上的線所代表的意義，而只是單純摹寫，只會浪費許多時間而已。

在我的想法裡，複製設計圖之前，最好先了解木造建築的規則、原理和構造等基本知識。可是在實際的情況中，雖然想要教授這些基本知識，卻沒有適合的教科書；雖然有很多結構工法的設計圖集、製圖的教科書，但一開始就看這些書，我認為學生們會有許多「這是什麼」的疑問，因為我在學生時代時也是如此。

有這個想法後，我開始在部落格（**http://plaza.rakuten.co.jp/haraguti/**）上以學生為對象，用圖文來介紹木造建築的基本知識，也是前作《圖解RC結構建築入門》的延伸。我請學生們將每一篇複製下來、貼在筆記本上。有容易理解的概念，當然也會有令人困擾的概念，本書是將在部落格上所寫的文章、插圖重新編輯，匯集成一本可以當成教科書使用的書，盡可能地將難懂的地方咀嚼後，再以簡單的方式來說明。

本書的內容先介紹整體，再從軸組到加工循序漸進地介紹。主要以工程的順序，軸組由下至上，加工則從外裝到內裝。

首先，從基準尺寸、人體尺寸、各種尺寸等設計時必要的尺寸談起，在思考木造建築時，很難逃避尺、間等單位。（在本書中，基本上1間為1,820mm、半間為910mm、1尺為303mm，但是在重視容易理解的簡單數值時，1間為1,800mm、半間為900mm、1尺為300mm，而在較重視數值的正確性時，1間為1,818mm、半間為909mm、1尺為303mm。）介紹完尺寸後，接著介紹工法，以梁柱構架式工法（軸組式）和框組式工法（2×4工法）相互對比作為主軸，概略的從整體來說明建築物是如何組裝的，希望讓讀者對木造建築的整體有初步的概念。

在介紹完尺寸、工法後，依照工程順序，由下而上來介紹結構體和軸組。基礎和地檻建造好後，接下來就是立柱子建造出牆壁的結構，然後地板組則是從下而上的順序建立一樓地板組、二樓地板組到屋架組，整個結構體都完成後，再依序進行外部和內部的裝潢工程。

匯整完成後再看一次，我認為這是一本適合作為掌握木造建築基本知識的入門書，相當容易理解好讀。只要反覆地讀本書的解說和插圖，應該就能完全吸收木造建築的基本知識。將此木造建築的基本知識用在設計圖的作業上，學習效率應該會提升。看著漫畫或插圖，快樂的學習吧！

另外，若看完本書認識了木造建築後，也請看看另一本著作《圖解RC結構建築入門》，一併掌握RC結構建築的基本知識吧！

最後，由衷感謝在企畫階段幫助我的彰國社的中神和彥先生，和仔細地進行原稿整理和校稿的尾關惠小姐。非常感謝。

原口秀昭

目　錄　　　　　　　　　　CONTENTS

Q 三六板指的是什麼？

A 一般在市面上販售，約3尺×6尺大小的木板。

1尺約為303mm，3尺是909mm，6尺則為1,818mm。在建築上，當以mm為單位時，通常會省略最後的mm，而只以數字表示。請記住1、3、6尺這三個尺寸喔！

> 1尺＝303mm
> 3尺＝909mm
> 6尺＝1,818mm

在日本傳統建築的習慣上，大多使用三六板，所以3、6的尺寸也成為許多木造住宅的基本尺寸。

而909mm×1,818mm的尺寸太過精細，所以取近似值，以910mm×1,820mm來製造與販賣。

> 三六板的大小＝910mm×1,820mm

把這個近似值的數字也記下來吧！

一般市面上販賣的木板尺寸大多為三六板喔！

3R
6R
3R×6R
（910）（1,820）

Q 1間是多少mm？

A 1,818mm。

三六板的長邊為6尺，也叫作1間，而3尺則稱為半間，在國際單位制度（SI）中明訂1間為1.8182m，省略最後的2，所以1間＝1.818m。有時1間的尺寸也會視情況而定，1,800mm或1,820mm也都有可能作為建造的基準尺寸。

> 3尺＝909mm＝半間
> 6尺＝1,818mm＝1間

日本以前的單位系統稱為「尺貫法」。為什麼要記住這種尺寸呢？那是因為現在的木造建築中仍然常常使用，例如木板的尺寸多為三六板。而尺貫法不僅僅是木造建築，在鋼筋混凝土（RC）建築、鋼骨結構（SS）建築上也有相當密切的關係。雖然尺貫法和公尺是不同的單位系統，有時會因為不習慣而造成不便，但是尺貫法和人體的尺寸有關連性，所以在實際運用上仍是合理的！

「間」有許多種的意義，比方説：柱子和柱子之間的間隔、房間的單位。將1間訂為6尺是從明治時期開始的習慣，而在這之前，日本民間是以1間＝3.5尺為規範。

> 三六板的短邊→半間＝3尺＝909mm→910mm
> 三六板的長邊→1間＝6尺＝1,818mm→1,820mm

Q 三六板和榻榻米（疊）的尺寸是相同的嗎？

A 幾乎一樣大。

有時候三六板和榻榻米的尺寸會完全相同，但有時也會有些許差異，主要是因為地區的不同，例如在都市或在鄉下，基準尺寸的設定方式便會不同。因此，榻榻米的大小會因為地區或製作方式的不同而產生差異。在關東地區，兩面牆壁中心到中心的距離，一般為半間（900、909、910mm）的倍數。而榻榻米是鋪在牆壁的內側，尺寸還要扣掉牆壁的厚度，因此會比半間×1間還要小。通常榻榻米師傅會到現場測量後，再做出特殊尺寸的榻榻米。但如果把榻榻米換個方向鋪設，尺寸就有可能會不合喔！

榻榻米的大小≒三六板＝910mm×1,820mm

日本人的居住方式和榻榻米有很深的淵源，有句俚語是這樣說的：「站時半疊，睡時一疊」，意思就是：「人站立的時候需要半個榻榻米的空間，躺臥時一個榻榻米的空間便已足夠。」接著下句是：「得天下也不過四疊半。」意即人的行住坐臥所需要的空間不過4疊半便已足夠，這也是對一個人在世界上所需最小生活空間的形象描述。從這裡便可以略為窺見與《方丈記》裡類似的價值觀（方丈約為4疊半）。

編注：《方丈記》為日本三大隨筆之一，作者鴨長明是下賀茂神社神官之子，因故無法實現繼承神官職位的心願，失意之餘剃度出家，過著隱居生活，以「漢字＋片假名（男文字）」文言文寫下《方丈記》，流露出對時代變幻無常的感慨。

三六板的大小是…

幾乎和榻榻米一樣大呢！

Q 三六板和日式花紙門（日：襖）、格子門（日：障子）的尺寸相同嗎？

A 幾乎一樣大。

傳統的花紙門和格子門幾乎和三六板的尺寸一樣，在和室拉門下方軌道，若附有溝槽的叫作敷居（檻木），而在上方軌道附溝槽的則稱為鴨居。從敷居頂端到鴨居下緣的開口，其有效高度稱作內側高，大約是6尺（1間）。

內側高≒6尺＝1間（1,818mm）

以前的建築，內側高大多是5.8尺（約1,760mm）左右，這是因為當時日本人的身高普遍比現在矮。

在這個不到1間高度的開口嵌入花紙門或格子門，如果門沒有比內側高還要高，便無法嵌入溝槽中，所以花紙門或格子門的高度尺寸是內側高 $+\alpha$。因此，花紙門或格子門的高度就大約是1間。

一般都是設置兩扇1間高、不同開門方向的花紙門或格子門。只要在同一個軌道裡設置兩個槽溝，就能使兩扇門分別向左右拉開。

在間隔1間的兩柱內側必須放入兩扇門，所以一扇門的寬自然會比半間小一點。

花紙門、格子門的大小≒三六板＝910mm×1,820mm

在現代木造住宅的設計中，內側高的高度已漸趨設計得比1間還高，主要是因為日本人的平均身高變高，容易撞到頭的關係。

三六板≒花紙門、格子門

內側高≒1間

Q 兩塊三六板的面積是多少？

A 大約是1坪。

由兩塊三六板合成的正方形，即邊長為1間的正方形，就是1坪。

> 兩塊三六板的面積＝兩張榻榻米的大小＝邊長6尺的正方形＝邊長1,818mm的正方形≒1坪

以坪作為面積單位的習慣到現在仍然廣為使用。特別是在土地面積的計算上，通常都是以坪數來表示，另外建築物的樓地板面積和基地面積也常用坪數來表示。我們常會聽到「每坪開價多少？」卻鮮少聽到「每平方公尺開價多少？」的問法。

1坪的語詞源自於「步」的概念（日文的念法類似），人的一步大約是90cm＝半間＝3尺；二步則約為180cm＝6尺＝1間。因此，以二步為邊長的正方形面積就稱為1坪。

順帶一提，有個說法是1坪相當於一個人一天食用米量所需要的田地種植面積；一個人一年吃掉的米所需要的田地面積則為：1坪×365天≒360坪＝1反（日本土地面積單位），而這個米量就稱為1石。在豐臣秀吉時期的太閤檢地時，把1反改成為300坪。

兩塊三六板
就是1坪

1坪＝三六板×2
　　＝榻榻米×2
　　＝邊長6尺的正方形
　　＝邊長2步的正方形

6R

3R　　　3R

注：1坪＝2塊三六板
　　＝2張榻榻米！

注：1反＝992m²

Q 平方公尺（m²）要如何換算成坪數？

A 乘上0.3025。

0.3025的係數是與房地產業通用的。雖然1坪大約是3.3m²，但是不可以用這個數字來換算，一定要用0.3025來換算。雖然說坪數只是個參考值，但是對於房地產來說卻是相當重要的數值，如果換算方式錯誤的話，會出現總價差距過大的問題。

首先，在圖面上會用m²來計算面積，然後再換算成坪數，不可以一開始就用坪數的方式計算。然而向政府機關提出相關申請時，則全部都是用m²來計算。

（X）坪＝（Y）m²×0.3025
（Y）m²＝（X）坪÷0.3025

在實務上通常也是使用m²換算成坪數。1坪是邊長6尺的正方形，即邊長1.818m的正方形，所以：

1坪＝1.818×1.818＝3.305124 m²
1 m²＝1÷3.305124＝0.302560509坪

而0.3025就變成業界的標準，請記住0.3025這個係數喔！

Q 除了三六板以外，還有哪些木板規格？

A 公尺板（約 **1m×2m**）、四八板（約 **1,200mm×2,400mm**）、四十板（約 **1,200mm×3,000mm**）、五十板（約 **1,500mm×3,000mm**）等。

雖然最常被使用的是三六板，但還有公尺板、四八板等多種不同規格的板材。

在標記上通常以一撇（ ' ）代表尺的單位，所以三六板的尺寸通常標示為 **3'×6'**、四八板（ **4尺×8尺** ）標示為 **4'×8'** 等。

正確的尺寸可能是 **303mm** 的倍數，也可能會取近似值，另外也會因不同的材質（金屬、木材等）而有差異。

在這裡除了三六板的尺寸一定要牢記之外，把公尺板和四八板的尺寸也記下來吧！

3'×6'　三六板　約900×1,800
1m×2m　公尺板　約1,000×2,000　　要記得喔！
4'×8'　四八板　約1,200×2,400
4'×10'　四十板　約1,200×3,000
5'×10'　五十板　約1,500×3,000

原來還有這些規格的木板啊！

不過三六板還是最常見的喔。

Q 站著工作、站著休息等時候，一個人所需的空間為？

A 大約需要半個榻榻米（三六板的一半）的大小。

 這就是「站時半疊、睡時一疊、得天下也不過四疊半」的第一句。如下圖所示，站著工作、端盤子移動、站著休息等，至少都需要半個榻榻米的空間。

比方說，廚房流理台與後面櫃子間的距離大約需要 90cm（3尺），冰箱門打開時也需要留 90cm，在使用上會較方便；若只留 75cm 則空間太小，不方便使用。走廊寬約 90cm，但建造時兩牆中心的距離若設定為 3尺，大部分會做成 909 或 910mm，在這個情形下，走廊的有效尺寸（淨尺寸）就會比 80cm 還要小。

姑且不論上下班尖峰時刻的大眾交通工具裡，人人像沙丁魚般擠得不得了，但在自然情況下，一個人站立時所需要的空間通常是半個榻榻米的大小。

例如，能容納一百個站立的人群的會場，至少需要五十個榻榻米的空間。若假設半個榻榻米是 1 m²，則需要 100 m² 的空間。多用三六板和榻榻米的尺寸來思考，會更容易抓到平面空間的大小喔！

站著工作時　　站著搬東西時　　站著休息時

半疊　　　半疊　　　半疊
　　　　（半間）

站時半疊、睡時一疊、得天下也不過四疊半

Q 睡眠所需要的空間為？

A 一個榻榻米，也就是 **1m×2m** 左右。

 這就是「站時半疊、睡時一疊、得天下也不過四疊半」的第二句。以前的人比較矮，所以睡眠的空間只要一個榻榻米就已足夠。但是現在的人越長越高，越來越多人已無法睡在一個榻榻米的空間裡，所以床鋪除了有 **1m×2m** 的尺寸，還有 **1.1m×2.1m**，更有 **1.5m×2.3m** 的尺寸。當然，越大的床越舒適，但還是要配合房間的大小囉！

　　睡覺所需最小的空間＝一個榻榻米或 **1m×2m**。

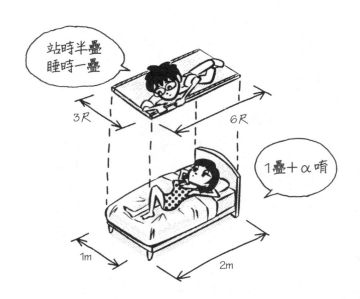

Q 《方丈記》中方丈庵的平面大小為？

A 大約是4.5個榻榻米（4疊半）。

 1丈＝10尺＝3,030mm（丈的單位可以不用記）。

方丈是邊長1丈的正方形，也就是邊長約3m的正方形房間。

4.5個榻榻米（4疊半），是邊長9尺的正方形，大約是邊長2.7m的正方形房間，所以方丈會比4.5個榻榻米還要大一點。

另外，「庵」指的是簡陋的小屋（也有禪宗的僧侶宿舍稱為方丈的）。

鴨長明在邊長3m的簡陋方丈庵裡寫下了《方丈記》。他雖是京都下賀茂神社神官的次男，生活也不困苦，卻認為樸實的價值觀才是重要的！

在這裡特別指出方丈庵，是因為它是最小房間尺寸的實例。在日本，一般房間的最小尺寸和方丈相同，也是4.5個榻榻米。若是三個榻榻米、兩個榻榻米大小的房間，則常作為放置棉被或儲藏室的空間。

這就是在講俚語「站時半疊、睡時一疊、得天下也不過四疊半」中，最後面4.5個榻榻米的部分。得到天下的人，行住坐臥也只需要4.5個榻榻米的大小就足夠，所以一個人再怎麼貪得無厭，需要的空間頂多就是這麼大。

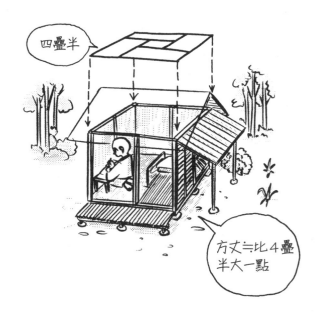

四疊半

方丈≒比4疊半大一點

Q 三六板大小的餐桌可以坐多少人？

A 可以坐六個人。

三六板大小的餐桌可以坐六個人，而市面上販賣的六人座桌子的尺寸也約為三六板±α。

三六板的尺寸為910mm×1,820mm，若把1,820簡化為1,800，一人座的空間就可知道為：寬600mm×深450mm。與其死記這個尺寸，不妨這樣思考：

三六板可坐六人 → 一邊坐三人 → 1,800mm坐三人
→ 一人為600mm

記住三六板的大小可坐六人，再依此計算出一人所需的空間，若了解這個原則後，也就可以概算出四人座的桌子尺寸囉！

Q 四人座餐桌的尺寸為？

A 約2/3個三六板，900mm×1,200mm左右。

 因為三六板的大小可坐六人，所以一人所佔的寬約為600mm，假設一側坐二人，則為600mm×2 = 1,200mm。
一塊三六板的大小是六人座，2/3塊的三六板就是四人座。

　　一塊三六板 → 六人座
　　2/3塊三六板 → 四人座

一人吃飯所需的空間為600mm×450mm，以這個尺寸為基準，喝茶時所需的空間則略小一點，如果盤子數量很多時，則需要大一點的空間。
餐廳、咖啡店的桌子大小基本上都是以這個尺寸來設計的。

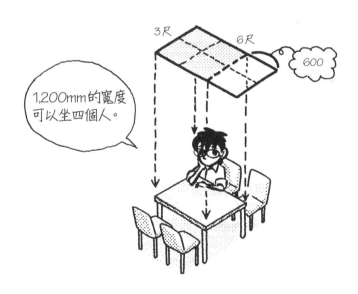

Q 四人座正方形餐桌的尺寸為?

A 約三六板的一半,邊長**900mm**左右。

 也就是以半間(**3**尺)為邊長的正方形。如果是以稍大的**1,200mm**為邊長,四個人坐會較寬鬆。

四人座的正方形暖爐桌邊長大多為**900**、**750mm**,大小約為三六板的一半。

正方形的桌子較沒有上座、下座的分別,且在四邊圍成一圈相向而坐,可增加整體感。而在圓桌時,主從的階層分別更小,所以國際會議上常使用大圓桌就是這個原因。

一個四人座的圓桌最小直徑為**900mm**,如果可以,直徑在**1,000mm**以上會更好。

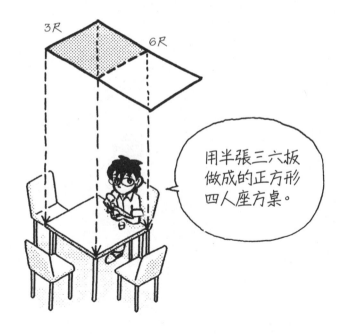

3R

6R

用半張三六扳做成的正方形四人座方桌。

Q 一人座沙發的尺寸為？

A 約三六板的一半，邊長900mm左右。

 一人座沙發的尺寸，大一點的有1,200、1,300mm為邊長的正方形，小一點的則有700、600mm。有無靠臂會使沙發的大小有極大的差距，概略的尺寸則訂900mm為邊長的正方形，也是約半張三六板的大小。

在看學生畫住宅平面圖時，常會發現家具的尺寸是錯誤的，且大多畫得比實際尺寸小。明明是沙發，邊長竟然只有500或400mm，因此平面圖上的房間看起來會比實際尺寸還要寬廣。

記得沙發約為半張三六板的大小就不會錯了！若是兩張沙發合在一起，則為一張三六板大，也就是一個榻榻米的大小。

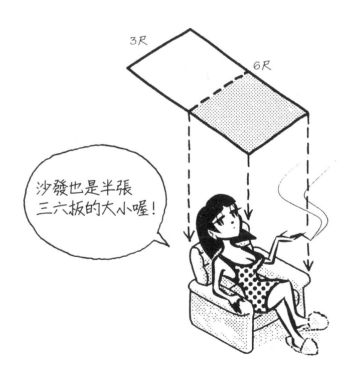

Q 餐桌椅的尺寸為？

A 邊長約 450、500mm 的方形。

椅子的尺寸為半張三六板的 1/4，也就是邊長約 450mm 的方形。

尺寸為三六板大小的六人桌，一側可坐三個人，寬 1,820mm 坐三個人，所以一個人約佔寬 600mm。而要在寬 600mm 的位置放入椅子，所以椅子的大小為寬 500 或 450mm。

三六板的側邊坐三人 → 一人佔 1,820mm÷3 ＝約 600mm 寬
　　　　　　　　　　 → 椅子為 500 或 450mm 寬

圓椅的最小直徑為 300mm 左右，在這標準下，大多數人都可以坐得舒適。

最小的圓椅 → 300 ϕ（直徑符號）

Q 廁所的最小尺寸為？

A 比三六板短一點點的空間。

三六板為 **910mm×1,820mm**，這尺寸對廁所而言稍微大了一點。假設 **1** 間為 **900mm**，廁所的寬為半間，深度為半間＋ **1/4** 間＝ **1,350mm**，這樣的空間就足夠了！

廁所的寬 → 半間
廁所的深度 → 半間＋1/4間

若從牆壁中心測量的尺寸為 **900mm×1,350mm** 的話，實際室內尺寸會因牆壁的厚度而較小一點。而這個實際尺寸稱為有效尺寸或淨尺寸。從壁芯測量的尺寸在日文裡則稱為軸線尺寸。

從壁芯測量的尺寸 → 軸線尺寸
實際的尺寸 → 有效尺寸、淨尺寸

900mm×1,350mm 的尺寸有可能是軸線尺寸，也可能是內側尺寸。在實際設計時幾乎都是使用軸線尺寸。
900mm×1,800mm 的廁所，若將門設置於長邊，洗臉台的位置如右下圖所示。若是從短邊進入，則沒有設置洗手台的空間，這時可在牆壁上設置嵌入式的小小洗臉台，但缺點是容易弄濕地板，所以也常會在馬桶水箱上加設小洗手台來解決問題。

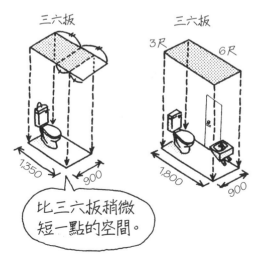

比三六板稍微短一點的空間。

Q 一般浴室的尺寸為？

A 兩張三六板，約1坪的大小。

 一般浴室的尺寸為1坪、邊長1間或 **1,800mm** 的正方形大小，也有比這些尺寸還大的浴室，但因為一般住宅的空間有限，大部分約為1坪大。如果有邊長1間的方形空間，可以設置長度夠長的浴缸，在裡面可把腳伸長。但如果浴缸太大，對老年人來說也比較危險，可能會發生滑倒、溺水等事故。

軸線尺寸為1間、**1,800mm**時，淨尺寸約為**1,600mm**左右。合於此淨尺寸的系統浴室設備（將浴缸和地板或牆壁作成一體的產品，**prefabricated bath**）稱為**1616**。在木造住宅中也越來越多使用系統浴室設備，不用擔心水或溼氣會影響木造軸組，對建築物本身來說也是很安全的。

記住**1616**是浴室的標準尺寸，在使用上很方便。小至**1216**，都可以作為家庭式浴室的尺寸。

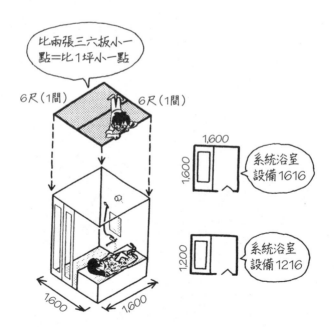

Q 放置洗臉台和洗衣機的更衣室尺寸為？

A 約1.5～2張三六板的大小，1,350mm×1,800mm～1,800mm×1,800mm。

首先，站立所需要的空間為半間或900mm寬，而洗臉台約為半間的一半，也就是寬450～500mm，兩個相加後，深度為半間＋1/4間，也就是1,350mm左右。整體的寬度則為1間，約1,800mm。

洗衣機的下方通常會有以樹脂製成的盆形裝置來放置洗衣機，這是防止漏水的設計，而洗衣機的底座有640mm×640mm、640mm×740mm、640mm×900mm幾種尺寸。現在比較少有雙槽式的洗衣機，所以通常以640mm×740mm為主流尺寸。

　　　洗衣機的底座 → 640mm×740mm

洗衣機底座的深為640mm，比起深450、500mm的洗臉台會較為突出，但因為洗衣機本身比較小，所以無妨。

也有不將洗衣機放在更衣室內，而改放在廚房附近的情形，這是統整家事空間的概念，家事動線也確實較合理，但在凡事講究自動化的現代，其實已無太多影響。

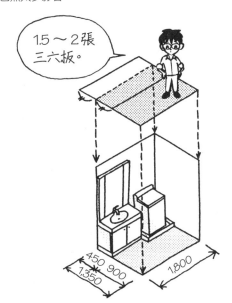

1.5～2張三六板。

Q 六個榻榻米（疊）約為多少 m² ？

A 約10m²

 6疊就如下圖邊長為半間×3和半間×4的長方形。半間以910、909、900mm任一個數值來計算都會有一些差距，但計算出來的面積大約都為10m²。

基本測量面積的方法為牆壁的壁芯尺寸。用910、909、900mm來計算看看：

$$（0.91×3）×（0.91×4）=2.73×3.64=9.9372m²$$
$$（0.909×3）×（0.909×4）=2.727×3.636=9.915372m²$$
$$（0.9×3）×（0.9×4）=2.7×3.6=9.72m²$$

由此可看出每個數值都接近10 m²。

記住6疊的大小就是10m²。而兩間6疊大小的房間就是20m²，三間的話就是30m²，非常容易記住！

附有廁所、浴室、放置洗衣機的空間和廚房的小套房大約為20m²，其中一半（6疊）的空間為房間，另一半（6疊）則為浴廁等水路系統和收納的空間，而最近這種小套房一般都改為建造成25 m²左右。

小套房的大小≒6疊大的房間＋6疊大的浴廁等水路系統和收納
＝10m²＋10 m²＝20m²

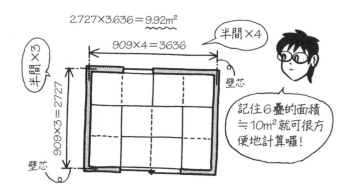

2.727×3.636＝9.92m²

半間×4

909×4＝3636

半間×3

909×3＝2727

壁芯

壁芯

記住6疊的面積
≒10m²就可很方
便地計算囉！

Q 1寸為多少mm？

A 1寸為30.3mm。

1寸為30.3mm，約3cm，這是明治時代才訂定的，在此之前的1寸似乎比30.3mm小一點。在中國古代，「寸」指的是大姆指的寬度，而「尺」指的是手指張開時，大拇指到食指或中指的長度，尺的文字形狀就是大拇指和中指撐開的樣子，因此，當時的1寸約為2cm，1尺則為20cm。身高只有1寸的一寸法師，以碗為舟、以筷為筏、以針為刀，若1寸為大拇指的寬度，則約為2cm高。

1寸約為3cm，更正確的是30.3mm，也把這個數值記住吧！在設計柱子尺寸等時候常常會看到。

> 1寸＝30.3mm
> 1尺＝10寸＝303mm
> 半間＝3尺＝909mm
> 1間＝6尺＝1,818mm

1寸＝30.3mm

以前的寸

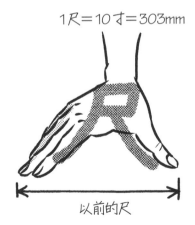

1尺＝10寸＝303mm

以前的尺

Q 木造住宅中所使用的柱斷面尺寸為？

A 3寸見方、3寸5分見方、4寸見方等。

神社、佛堂或古代民家會使用更粗的柱子，但現在一般的住宅大多使用3寸（90mm見方）、3寸5分見方（105mm見方）、4寸見方（120mm見方）的柱子，分別稱為3寸柱、3寸5分柱、4寸柱。1寸應為30.3mm，但在這邊取近似值30mm來計算。分是1/10的意思，也就是1/10寸，所以3寸5分就是3.5寸。

> 3寸＝30mm×3＝90mm
> 3.5寸＝30mm×3.5＝105mm
> 4寸＝30mm×4＝120mm

一般住宅通常使用105mm見方的柱子，而90mm見方的柱子雖然比較細，仍會使用在便宜的住宅中。120mm見方的柱子則通常作為直通柱。直通柱就是從一樓到最上層僅以一根柱子來支撐。上下樓層以一根柱子支撐較為穩固，讓整個結構體更強壯。因為需要長的木材，必須砍伐大型原木，因此所需的費用也較高。

其他的柱子則稱為層間柱，分別為一樓、二樓不同高度的柱子，在層間柱的頂部會與橫材銜接。

故意在柱子的背面劈出裂縫，稱為劈裂，用來防止柱子因乾燥而收縮產生裂縫。如果有劈裂，當木材收縮時，僅會在裂縫處收縮。在含芯木材（含有木芯）製成的柱子上絕對要有劈裂，而集成材不用擔心會有裂縫，故不用施作劈裂。

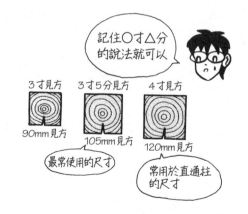

Q 1英吋為多少mm？

A 25.4mm。

英吋的起源和寸相同，都是指大拇指的寬度。現今，寸為**30.3mm**，而實際上大姆指的寬度和英吋的**25.4mm**較相近。

12英吋為1英呎，英呎的起源則是腳底板的長度，所以腳的英文是**foot**，而複數形則為**feet**。以前也有10英吋為1英呎的用法，但現在統一為12英吋。

> 1英吋＝25.4mm
> 1英呎＝12英吋＝304.8mm

記住1英吋＝25.4mm吧！因為在2×4工法等使用英吋來稱呼斷面尺寸的木材也很多。

螢幕的尺寸也常使用英吋來表示，17吋的螢幕就表示畫面的對角線長為17英吋＝17×25.4＝431.8mm。

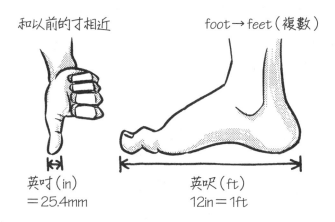

和以前的寸相近

foot→feet（複數）

英吋（in）
＝25.4mm

英呎（ft）
12in＝1ft

Q 什麼是 two-by-four？

A 2英吋×4英吋的角材。

2×4工法是使用以下各種尺寸的角材和合板架構而成的組成工法。

two-by-four （2英吋×4英吋）
two-by-six （2英吋×6英吋）
two-by-eight （2英吋×8英吋）
two-by-ten （2英吋×10英吋）

也稱為框組式工法。最常使用的是 two-by-four 的角材，所以也稱為 2×4工法。用○×△表示寬×高，英語的說法就是○ by △，所以 two-by-four 就是指2×4的尺寸。

這個工法是從英國的工法（frame）開始發展出來的，傳到美國後，以 balloon 的名稱普及。應用在角材組成的框架，釘上木板而成鑲板組合的簡單工法，不需要熟練的工匠，外行人也可以輕易完成，因而使得這個工法在美國廣為應用。

從美國傳到日本後，則以2×4工法的名稱普及流傳。被稱為國外來的優良2×4工法，說穿了就是不需要專業工匠技術的工法。

現在，梁柱構架式工法（日：在來工法）和框組式工法（2×4工法）這兩大工法，在木造建築的領域中各據一方，各有其優缺點。

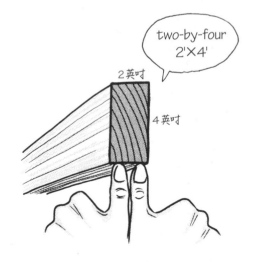

two-by-four
2'×4'

2英吋

4英吋

Q 圖面上的尺寸用公厘（mm）來表示的時候，為什麼每三個數字要加上一個逗號呢？

A 這樣一來，要換算成公尺（m）的時候，就可以很快且清楚的看出其數值！

3,600mm是3m加上600mm、12,900mm是12m加900mm，如果加上逗號，就可以馬上知道是幾公尺。若不加逗號也可以，但在閱讀時，清楚明瞭的標示是有助於減少錯誤的發生。

每三個數字加上一個逗號，在表示金錢的時候也常常被使用。￥1,000是一千日圓，￥1,000,000是一百萬日圓，特別在有很多0的百萬單位時，可以馬上知道是多少，非常容易判讀！

在英語中的計數原則裡，每三位數字加上一個逗號是很合理的，因數詞單位每三個位數就會改變，1,000是thousand（千）、1,000,000是million（百萬）、1,000,000,000是billion（十億）。而介於其中的數字則以其倍數表示，如：10,000（一萬）是ten thousand、100,000（十萬）是a hundred thousand，在有逗號的地方分開念就可以。

而在日文（中文）中，萬是千的十倍，下個單位「億」則是萬的一萬倍，萬和億之間就沒有其他的數詞單位了。

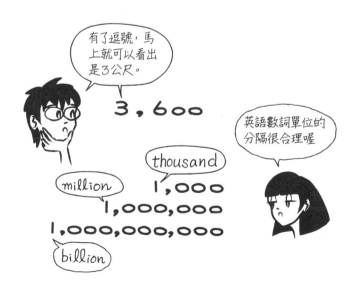

Q 餐桌、辦公桌等桌子的高度為？

A 約700mm。

前面的單元已經介紹了許多長度、寬度的基本尺寸，接下來要介紹的是基本高度。桌子的高度約700mm，現在測量看看你身旁的桌子的高度就會知道，大多都是69、70、71、72cm等，也就是70cm左右。

記住桌子的高度約700mm！不僅是記住這個數字，試著站在桌子旁邊，觀察一下這個高度大概到你自己身體的哪個部位吧！是及腰？或是到屁股的位置？把大概的位置記起來，記住和自己身體尺寸的關係。把這個當作一個基準，就可以用來估算物體的高度！

書桌的高度約為700mm。

約700

Q 吃飯或工作用的椅子，其座面高度為？

A 約400mm。

 座面就如字面的意思一樣，是坐著的那個面。座面的高度約為400mm
（40cm）。每個人適合的高度會有所不同，但最適合的尺寸會是在
400mm左右，將其當作概略的尺寸，就記住是400mm吧！

> 椅子的高度 → 約400mm
> 桌子的高度 → 約700mm

馬桶的座位高度也設定為適合坐下的高度，約為350～450mm。床大
多也是可以坐著的，所以床的高度在300～500mm左右。

> 馬桶、床的高度 → 400mm±α

在任何地方，如果有400mm左右的高度差，人就可以坐下。在大客廳
裡，若設置有3或4疊左右的小榻榻米空間時，空間的地板會上升約
400mm，因為這樣就可以讓人坐在這個榻榻米邊緣上。
以每400mm的高度差為一階，就可以作成階梯狀觀眾席、簡易劇場。
在這個情況下，走道的部分則須將其一階400mm二等分為200mm，甚
至三等分為133mm的階梯，因為要爬上每階為400mm的樓梯兼觀眾席
是很辛苦的。

椅子的高度約400mm。

約400

Q 從座面到桌面的高度為？

A 約300mm。

從座面到桌面的高度稱為差尺。如果記得桌子的高度是700mm，座面高是400mm的話，相減就可以知道差尺為300mm。

400mm（座面高）＋300mm（差尺）＝700mm（桌面高）

記住這個計算式吧！下個章節也會出現，是非常重要的尺寸！

桌面（日：甲板）是指桌子的面板，在日文裡，甲板若讀成「kanpan」或「kouhan」，指的是船的甲板（deck）。但甲板同時也可以指桌面（tabletop），就像字面一樣指的是桌子的上部。

雖然說差尺約300mm，但實際上最適當的差尺是因人而異的。也會因為每個人的感覺不同而有所差異。另外在吃飯或讀書、打鍵盤等情形下，所對應的差尺也會有所不同。

如果椅子可以調整座面高就會方便許多，但這種功能通常僅見於辦公用椅。而吃飯用椅多為粗略的設計，很少具備這種功能。

Q 1.高900mm的櫃台，椅子的座面高和踏腳處的高度為？
　　2.高1,000mm的櫃台，椅子的座面高和踏腳處的高度為？

A 1.椅子的座面高＝900mm － 300mm（差尺）＝600mm
　　　踩腳的高度＝600mm － 400mm（椅子座面高）＝200mm
　　2.椅子的座面高＝1,000mm － 300mm（差尺）＝700mm
　　　踩腳的高度＝700mm － 400mm（椅子座面高）＝300mm

櫃台是設計成站立即可用餐的功能，所以比一般桌子還高，也有為了把
廚房的流理台藏起來而加高的情況。櫃台的高度一般為900或1,000mm
左右。

為了讓人在櫃台前可以坐著，椅子的座面高也必須要加高。300mm的
差尺是依照人體工學的尺寸推算出來的，所以在櫃台差尺不變的狀況
下，我們便可以用櫃台高度減掉差尺的300mm來求出座面高。

椅子的座面高變高之後，如果沒有踏腳處，雙腳就只能騰空。所以在座
面下400mm的地方設置踏腳處，讓雙腳可以自然的擺放，通常以不鏽
鋼或鋼管加上一塊板子製成。踏腳處可能是設置於地上，或是附設在椅
子下方。

桌面到踩腳的高度＝300mm（差尺）＋400mm（座面高）是不會變的。
700＝300＋400，無論桌子或櫃台都是一樣的。

Q 放置於榻榻米上的短腳桌高度為？

A 350mm左右。

 如果從桌面到椅子的高度＝差尺＝300mm的話，即使是榻榻米上的短腳桌，理論上也應該可以坐。但使用椅子的時候，會有放腳的地方，而坐在矮腳桌前不是正座就是盤腿坐，不得不把腳彎曲。這一個部分的高度也要計算進來！

因為一般人習慣坐在高20～50mm的座墊上，所以也要考慮這個部分的高度。因此，短腳桌的高度以350～370mm為最適合的高度。

短腳桌的高度＝差尺＋α＝350mm左右

比300mm的差尺還要高一點喔！

差尺＋α

座墊的高度

正坐的時候，膝蓋會變得較高

Q 洗臉台的高度為？

A 比餐桌稍微高一點，為750mm±α。

比餐桌稍微高一點，720～760mm左右，深度則通常為450～550mm左右。

洗臉台 → 高度＝750mm±α
　　　　　深度＝500mm±α

如果洗臉台的高度和餐桌一樣為700mm，會顯得有點低。而如果為廚房流理台的高度800或850mm（見R031），則又會太高。因此，介於餐桌和流理台間的750mm為最適當的洗臉台高度。

如果是設計住宅的時候，建議配合身高較矮的人來規劃洗臉台。因為身高較高的人可以彎腰配合這個高度，但若根據身高較高的人來設計高度，身高較矮的人則很難使用。

洗臉台比身高高的時候，水會從手臂流下來。最適當的洗臉台高度就是讓使用者在洗臉的時候，水不會沿著手臂滴到地上，或是跑進袖子裡。

使用輪椅的情形（殘障者專用洗臉台），必須要讓洗臉台下方有空間而不會抵到使用者的膝蓋，並且要讓使用者能夠觸碰到水龍頭。而現在也有開發可以調整高度的洗臉台。

比餐桌的高度高一點。

750mm±α

Q 廚房流理台的高度為?

A 850mm ± α。

廚房流理台是站著工作的,所以會設計得比身高略高。製造商一般認為身高÷2＋50mm為最適合的高度。

若是有成品,多為800、850、900mm左右,範圍幾乎都是在800～900mm間的高度,到展示間確認是較實際的方法。若覺得800mm仍然太高,可以去除下方木製的台子(稱為踢腳板、台輪的部分),在施工現場拜託木工師傅,便可以簡單地將台子除去。

深度則為650mm ± α,大多為650mm,另外也有600、750mm等的尺寸。如果深度有750mm的話,瓦斯爐前方就可以放置鍋子等物品,使用時很方便。如果廚房空間的寬度不夠大,可以試著改變流理台的深度來變通!

廚房流理台 → 高度＝850mm ± α
深度＝650mm ± α

廚房流理台的板面和桌面一樣,稱為流理台面。因為是在其上工作,所以也稱為工作台,多是不鏽鋼製,樣式則有髮線(像頭髮一樣的紋路)、圖案(凹凸紋路)等,也有人造大理石的選擇。

流理台的後方有高100mm左右的擋水設計,這樣水就不會流到流理台和牆壁間的空隙裡!

身高÷2＋50mm最適合!

$850 ± α$

$650 ± α$

Q 何謂梁柱構架式工法？

A 將柱子、梁等支撐軸和桿件組成的工法。

從日本悠久傳統中演變出來的工法，這個軸組的方法需要專業的技術，稱為軸組工法或在來軸組工法。軸主要指的就是桿件，可以把它當成以組裝桿件來建造的方法。

　　梁柱構架式工法 → 用組裝桿件來建造

用組裝桿件來建造的是梁柱構架式工法。

Q 何謂2×4工法？

A 將用角材和合板組成的鑲板組合起來的工法。

2×4是指組成壁板的一種角材尺寸。因為此工法經常使用2英吋×4英吋（正確尺寸會小一點點）的角材，因而得名。

2×4工法也稱為框組式工法，因為它是先用角材做成框架，再釘上合板成為鑲板的關係。有在施工現場製造鑲板，也有在工廠先製作壁板，再到施工現場組裝等不同的作法。

鑲板是屬於面的物品，所以2×4工法用一句話來解釋就是：用組裝面來建造的工法。

> 梁柱構架式工法 → 用桿件來組裝
> 2×4工法 → 用面來組裝

Q 用四根筷子和橡皮筋做成一個四邊形，在橫向上施力的話，會變成平行四邊形，如何再加上一根筷子使該四邊形不會變形呢？

A 像下圖一樣組成三角形。

若形成三角形的話，不管從哪邊施力，四邊形的形狀都不會改變，作成另外一個方向的三角形也是一樣，且若再加上一根筷子，組成一個╳的形狀，這個四邊形就會變得更堅固。

在木造建築的梁柱構架式工法中，很多時候都會利用這個三角形的結構。柱子或梁在接合的地方沒有讓它們保持直角的力，因而加上稱為斜撐的斜向木材，組成三角形作為補強。在把梁嵌入巨大柱子的宗教建築或一些大型的住宅（以前的農家）中，不需要加上斜向木材也能保持直角。在現在以梁柱構架式工法建造的木造建築中，因為價錢的關係而使用較細的木材來建造，所以必須在各地方加上三角形的結構。

不需要用到三角形結構的結構體，通常是鋼筋混凝土建築或鋼骨結構建築，而這種結構方式稱為框架結構（**rahmen structure**）。

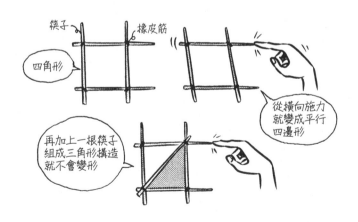

Q 如何用厚紙板、膠帶和剪刀讓前一單元做好的四邊形不變形呢？

A 如左下圖，用厚紙板作成四邊形的面使其更堅固。

用厚紙版把整個四邊形固定住，從橫向施力就不會變形成平行四邊形，若是像右下圖一樣，只用厚紙板固定一部分也可以使四邊形維持形狀而不會變形。

用整個面來固定形狀、防止變形就和2×4工法一樣。用角材組成框架，再釘上合板，使整個面板更堅固而不會變形成平行四邊形。

　　梁柱構架式工法 → 用角材組成三角形
　　2×4工法 → 用合板使整個面更堅固

梁柱構架式工法中也有在柱子和柱子之間鋪上合板，使牆面更堅固的方法。以三角形構造來補強，若斜撐和柱子沒有固定，大地震時就可能會脫落。在合板上釘釘子會使牆面牢牢地固定住，比起加上斜向木材的強度還高。相反的，在2×4工法裡也有在牆壁中加上斜向木材來補強的方式。

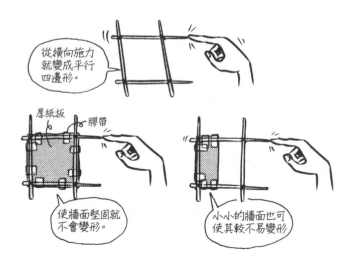

從橫向施力就變成平行四邊形。

厚紙板　膠帶

使牆面堅固就不會變形。

小小的牆面也可使其較不易變形

Q 何謂斜撐？

A 梁柱構架式工法裡，在牆壁中加入的斜向木材，用以組成三角形，抵抗地震或風的水平力。

以斷面為柱子二等分或三等分左右的角材，在柱子與柱子之間斜向裝設，用像下圖稱為斜撐鐵板的金屬扣件來固定。金屬扣件以螺栓和釘子固定之，使其不會輕易的脫落。

下面的例子是斜撐抵抗外來壓力（抵抗壓縮）的情形（圖中的箭號表示斜撐抵抗的力），相反地，這也可以抵抗張力，為了抵抗張力，絕對要用金屬扣件牢牢地把整個結構固定住；如果沒有固定好導致脫落就會失去作用，發生大地震時會被地震張力扯壞，使得牆壁變形為平行四邊形。

也有在相反的方向上也架設斜撐，形成╳的對角線交叉方式，牆壁就會更堅固，更不容易毀壞。而斜撐以對角線交叉的時候，每一根都必須是完整的木材，不能是搭接的，否則就會失去抵抗力的功用。

即使施力，三角形也不為所動。

Q 何謂水平隅撐？

A 梁柱構架式工法裡，在地板中加入的斜向木材，做成如下圖的三角形來保持水平面的直角。

水平隅撐是為了維持水平面的直角而加入的角材。即使沒有地震發生，地板仍有可能扭曲變形，所以水平隅撐是維持水平面直角的重要部材。設置在地檻的水平隅撐稱為隅撐地檻，而設置在二樓地板或天花板的則稱為水平隅撐。通常為邊長**90mm**左右的角材，再使用螺栓把水平隅撐和水平材牢牢地固定。和斜撐一樣的原理，斜撐主要是用來抵抗地震或強風等造成的水平力，而水平隅撐則是用來防止地板扭曲變形。組成三角形，使牆面／地面更為堅固，這個面的強度稱為面剛性，不管是水平面或垂直面都不可缺少面剛性。

斜撐 → 使牆壁更堅固
水平隅撐 → 使地板更堅固

這是用來固定地板的直角。

水平隅撐

Q 在2×4工法裡，牆壁和地板的面剛性是如何建立的？

A 以釘上合板的方式建立出來的。

只用角材做出來的四邊形框架，很容易變形為平形四邊形，2×4工法和梁柱構架式工法一樣，也會使用斜撐，但主要還是以合板為主。用合板把整個面固定住，保護形狀不被破壞，以維持直角。

　　　2×4 → 以釘上合板的方式來建立面剛性

牆壁和地板都一樣，都是釘上合板，牆壁是由稱為縱框的角材組成的框架，然後在其外側釘上合板，這樣一來，即使從橫向施力也不會變形成平行四邊形。

地板則是在地板格柵（也是梁柱構架式工法裡面的梁）上直接釘上合板，來維持地板的形狀不扭曲變形，將面剛性變強的地板搭建在一樓牆壁的鑲板上，然後再於其上搭建二樓牆壁的鑲板，因此重點就在於牆壁和地板的組合。

　　　先建立壁板 → 架設地上的地板 → 再於上層放置上層樓的壁板

牆和地板都用合板固定住了！

合板

縱框

合板

地板下的格柵

Q 如何使用書和筷子，將書半開組成像山一樣的形狀？（可把筷子折短）

A 如下圖，把筷子分成較短的兩根，使其立著，再於其上放置半開的書本。

這是用桿件來支撐屋頂的建造方式。像山一樣形狀的屋頂被稱為山形屋頂或人字屋頂（日：切妻、切妻屋頂）。筷子所支撐住的山脊線稱為屋脊，也就是指書本的背部。

小屋頂在屋頂兩端用桿件支撐住就足夠，如果是大屋頂的話，在中間也需要桿件來支撐。這個支撐屋頂的桿件稱為短柱或是屋架柱，屋架則是指屋頂的軸組。

用木製桿件支撐屋頂的方式稱為和式屋架，在梁柱構架式工法裡主要都是以和式屋架的方式來建造屋頂的。

Q 如何使用書和線將書本做成半開的山形呢？

A 如下圖，將書打開至所需的幅度，再用線環繞書本後打結綁住即可。

基本上在2×4工法裡都是用這個方法來建造屋頂的，而組成三角形來建造屋架組（屋頂的軸組）的方法就叫作洋式屋架。

簡單的洋式屋架就是一個三角形，若是大屋頂，就會使用數個三角形來組合。用三角形組合而成的結構體稱為桁架（**truss**）。

在日本傳統的建築物中，會在牆壁裡設置斜撐做成三角形，但在屋頂並不會採用這樣的結構，明治時期才開始用於一般校舍或倉庫等大型建築物，而即使是現在，還是以梁柱構架式工法的和式屋架為主流。

在和式屋架裡，會為了不使短柱（屋架柱）倒塌而釘入斜向的薄角材，但是斜向木材有違日本人的美學，所以盡量不用此法建造，而現在的木造建築物中，常會把木造軸組藏在牆壁裡或天花板裡，應該是從2×4工法裡學習到的方法。

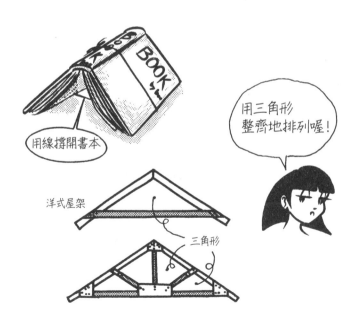

用線撐開書本

洋式屋架

三角形

用三角形整齊地排列喔！

Q 為甚麼和式屋架的水平木材（屋架梁）很粗？

A 屋架梁必須要有足以承受短柱所傳下來的力量造成的彎矩，如果太細會很容易被折斷，所以需使用粗的木材。

和式屋架的水平材稱為梁或屋架梁。雖然承受重力的水平材就稱為梁，但還有依使用方法分為：架設在屋頂的屋架組的梁，稱為屋架梁；在二樓或三樓的地板組架設的梁則為地板梁，但都可用梁來概稱。

到木造建築的施工現場看，會明顯感覺到屋架梁特別粗，那是因為它要承受所有來自上方的力量，因為不是分散重量而是集中於梁上的結構，因而必須使用粗大強壯、不容易彎曲、厚度較深的木材。

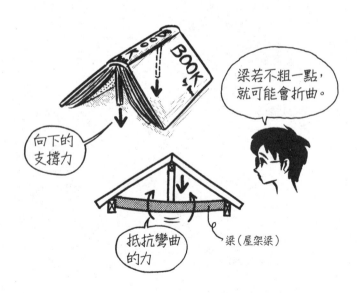

Q 彎曲塑膠尺時，橫向或縱向哪一個方向較不容易彎曲？

A 如下圖，縱向較不容易被彎曲。

憑直覺應該就可以了解，而實際嘗試後就更能了解其中的差異。若沿著彎曲方向，厚度較深會較難彎曲，梁亦是如此，要抵抗上方來的重量需要有向下方彎曲的能力，造成梁的彎曲應力。

要對抗這個彎曲應力，將梁以縱向配置是正確的，梁的上方是抵抗壓力，下方則是抵抗張力，這個縱向上的高度差越大，抵抗能力就越高；如果是橫向放置的話，就是故意要讓它彎曲的配置。所以梁要縱向配置，這在木造建築、鋼骨結構建築和鋼筋混凝土建築上都是一樣的。

　　梁→為使其不易彎曲，而以縱向配置

Q 在2×4工法裡，為什麼屋架組的水平材比梁柱構架式工法的水平材細？

A 為了避免直接承受上方重量，而且要在小間距中置入主要的結構材料。

梁柱構架式工法中的梁是透過短柱承受來自上方的重量，2×4工法的水平材則用來承受張力。為了不使山形屋頂橫向張開，而使用水平材來拉住它。這個水平材在2×4工法中稱為天花板托梁，是三角形結構的張力材。

例如斜梁這類支撐屋頂的材料，在2×4工法裡稱為椽木。梁柱構架式工法中的椽木為45mm見方的桿件，但在2×4工法裡為了以椽木傳遞重量，而用40mm×200mm左右的硬材，因此就可以清楚知道梁和椽木兩者作用的差別了。

椽木和天花板托梁所組成的三角形以455mm的間距並排，也就是將精細材料組成的三角形緊密地並排在一起，並在其上釘上合板，使整體成為一個有強度的結構體。

另一方面，在梁柱構架式工法中是在約1間的間隔中設置柱子或梁等大型材料，將重量集中在此。

　　梁柱構架式工法 → 以1間為間隔的大型材料來建立強度
　　2×4工法 → 在450mm（半間）的間隔中設置細小材料，讓整體建立起強度

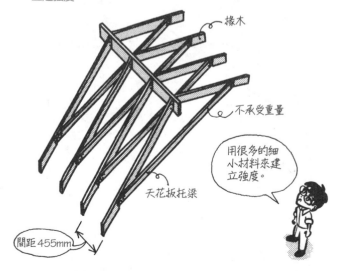

椽木

不承受重量

用很多的細小材料來建立強度。

天花板托梁

間距455mm

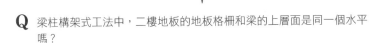
Q 梁柱構架式工法中，二樓地板的地板格柵和梁的上層面是同一個水平嗎？

A 不同，是錯開的。

■ 因為在梁的上方搭載地板格柵，所以地板格柵的上層面會比梁高一點。

梁柱構架式工法中，一般的軸組方式為在垂直相交組合時，將地板格柵搭載在上方，並以挖缺口的方式銜接，上層面也大多不是在同一個平面，通常都是搭載於上方後再釘上釘子。

地板格柵是用來支撐地板的桿件，這個地板格柵以303mm的間距並排，在其上搭載木板再釘上釘子，而並排於地板格柵下方承受力量的就是梁。因為是使用在地板結構中的梁，所以也稱為地板梁。梁是以間距1間（1,820mm）來架設的。

　　地板 → 地板的格柵（間距303mm）→ 梁（間距1間）

地板是釘在地板格柵上，而無法釘在梁上，因為梁的上層面比地板格柵的上層面還要低一點、是錯開的，因此以釘上木板來建立面剛性是不行的。在作為主要結構構件的梁上，是不可以直接釘上木板的，所以會另外以釘上水平隅撐的方式來保持地板的直角。

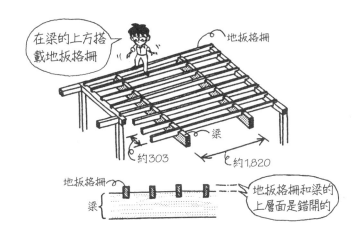

Q 在2×4工法裡，地板格柵與梁的上層面是在同個水平面上嗎？

A 是的。

 在2×4工法裡，地板格柵是粗大的木材，同時也作為梁使用，並以1/4間（455mm）的間距排列，是單以一種地板格柵就可支撐地板的構造。然後，在這個水平排列（地板格柵、梁）的材料上方釘上合板，用合板來固定水平面，防止地板變形為平行四邊形或避免地板格柵錯位。因為梁和地板格柵的上層面是同水平，所以可以釘上合板來建立面剛性。

地板鋪上合板後，再於其上建立壁板，這是以地板為平台，在其上建立牆壁的框架工法，所以也稱為平台式構架工法（platform frame）。

2×4工法的地板，就像鋼筋混凝土造的加勁板、使用在鋼骨結構的鋼承板（deck plate）一樣，是種並排細梁的單純結構，和梁柱構架式工法不一樣，而在現代的梁柱構架式工法中也採用這樣子的地板結構。建築師經常喜歡在牆壁上使用梁柱構架式工法，而在地板或屋頂上使用2×4工法。

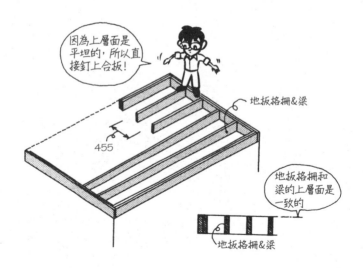

因為上層面是平坦的，所以直接釘上合板！

地板格柵＆梁

455

地板格柵和梁的上層面是一致的

地板格柵＆梁

Q 在梁柱構架式工法裡，地板格柵和梁、梁和橫架材要如何固定呢？

A 如下圖，以搭載於上方的方式來固定。

將垂直交錯的材料組合固定的方法稱為橫向接合，梁柱構架式工法裡的橫向接合是以搭載在上方的方式來固定，並在互相接合的材料上挖洞，使其能相互嵌住並固定。

因為是以上方搭載的方式來固定，所以兩個相互接合的物件高度會不一樣，搭載在上方和下方的材料其上層面的位置是不同的，所以要在兩個材料上面釘上同樣一塊板子，使其能保持直角是不行的。

地板格柵是在地板下方並排的角材，梁是承受地板格柵等重量的較大橫材，橫架材則是架在牆壁上的橫材，將垂直交錯的木材互相搭載固定，這就是梁柱構架式工法的重點！

　　地板格柵 → 搭載在梁上
　　梁 → 搭載在橫架材上

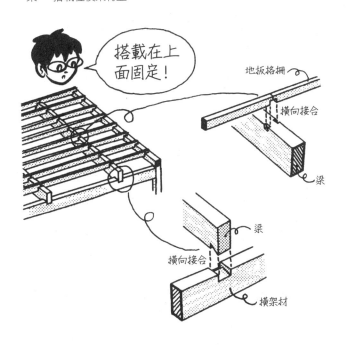

Q 在2×4工法裡，地板格柵和橫材是如何固定的？

A 如下圖，使用金屬扣件使上層面能平整地固定住。

2×4工法其中一個特徵就是使用金屬扣件做成橫向接合，使上層面成為平整的面。而在梁柱構架式工法中，木造的橫向接合是採搭載在上方的固定方式，所以不能成為平面。

在2×4工法裡，地板材料的上層面全都是平整的，牆壁上的橫架材和地板的地板格柵（梁）的上層面會變成是同一個平面，並在整個地板的結構材料上釘上合板，以釘合板的方式來確保地板的面剛性。

在梁柱構架式工法裡釘合板，因為地板格柵、梁、橫架材不在同個平面上，所以只能在地板格柵上釘上合板，這樣較無法保持其面剛性，所以需要釘上水平隅撐。

> 梁柱構架式工法 → 地板結構材料的上層面不一致 → 用水平隅撐來建立面剛性
>
> 2×4工法 → 地板結構材料的上層面是一致的 → 以釘合板的方式建立面剛性

梁柱構架式工法的橫向接合是木匠展現專業技巧的舞台，因此如何漂亮的將部材搭接起來，這可是賭上了每位木匠的自尊呢！而只用金屬扣件和釘子組成同一平面的2×4工法，是專業木匠不願使用的簡單橫向接合技法，也導致此種地板組合方法在日本很難普及。但是從結構上來說，使地板格柵、梁、橫架材的上層面一致，再用板來固定，毫無疑問的會堅固許多！

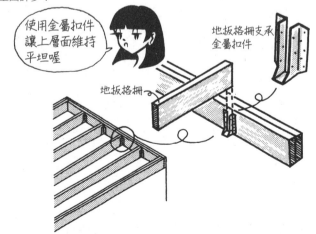

使用金屬扣件讓上層面維持平坦喔

地板格柵支承金屬扣件

地板格柵

Q 為什麼木造建築的基礎是使用鋼筋混凝土呢？

A 因為混凝土不會腐爛，而且底面較大，可以用來分散重量。

木材在濕氣重的地方會腐爛，如下圖的筷子架構，插入土裡的建造方式最後都會因腐爛而倒塌。在筷子上塗上再多的塗料，或是將表面燒成炭化，也不會有太大的幫助。另外從上方施力的話，因為接觸面較小，所以會漸漸地往土裡沉陷，像這樣子將柱子直接埋入土裡的方法，稱為掘立柱，現在只有臨時設立的建築物才會使用這個方法。

將筷子的架構放在石頭上，大致上能夠承受重量而不會沉陷；甚至石頭底面只要夠大時，從上方施力也幾乎不會往下沉，這種在石頭上設置柱子的基礎，在古代民家有時候也看得到。

另外，混凝土不會腐爛，雖然鋼會生鏽，但把鋼筋埋入混凝土中就不會生鏽，鋼筋混凝土的強度高，可以完全承受住建築物的重量，是最適合拿來作為基礎的結構。

梁柱構架式工法或2×4工法的基礎一定都是由鋼筋混凝土來建造的，以前是以無筋混凝土（沒有埋入鋼筋）來建造的基礎，即使如此也是不錯的承受物，而現在在混凝土中一定要放入鋼筋作為補強。

不只是木造建築，鋼骨結構建築的基礎也是使用鋼筋混凝土來建造的，只有鋼的話會生鏽，且無法擴大基礎底面來分散建築物的重量。

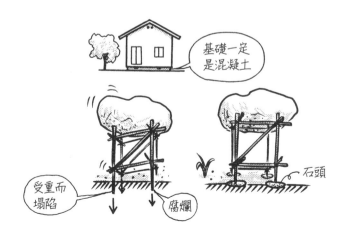

Q 在梁柱構架式工法中，裝潢前大致的工程作業順序為？

A ①建立基礎。
②將主要結構桿件（柱、梁等）一口氣組合起來（上梁）。
③釘上結構補助用的結構材的桿件（斜撐、水平隔撐、地板格柵、椽木等）。
④設置屋頂或地板的下地板、屋頂材料、鋁框、裝潢材、玻璃等。

首先，用鋼筋混凝土來建立基礎①，再將橫向接合等預切完成的柱子、梁等桿件，以卡車運送到工地現場，一口氣上梁②，而屋脊就是屋頂頂點的橫材，如果是小型住宅的話，一天就可以完成上梁。

為使組裝好的柱子、梁等桿件不會變形為平行四邊形，先用細長木板做成三角形作臨時固定，接下來為了讓完成上梁後的結構體不會崩壞，正式地將斜撐和水平隔撐裝設上去③，整個結構組裝完成後，就可以裝設補強用的地板格柵、椽木等結構材。

和桿件有關的步驟結束後，接下來就是板了。釘上屋頂的鋪底板（屋頂襯板），並鋪蓋屋頂材，早點鋪設屋頂材是重點，只要結構材或室內不會受到下雨的影響，工程進行時就會比較輕鬆，因此，在底板等輔助用結構材裝設前會先鋪設屋頂④，在梁柱構架式工法裡，上梁的意思就是一口氣組裝到屋頂，之後才進行裝設輔助用的結構材、板材、和最後加工，也就是從桿件開始，接著板的順序。

將結構材一口氣組裝完成（上梁）→ 裝設補強用結構材 → 板材等其他部分

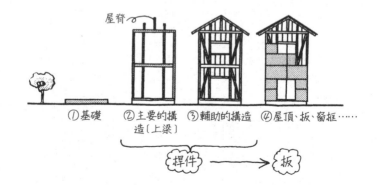

屋脊

①基礎　　②主要的構造〔上梁〕　　③輔助的構造　　④屋頂、板、窗框……

桿件 → 板

Q 在2×4工法裡，裝潢前大致的工程作業順序為？

A ①建立基礎。
②組裝一樓地板。
③在一樓地板上組裝一樓的壁板（將一樓的壁板立起固定住）。
④組裝二樓地板。
④在二樓地板上組裝二樓的壁板（將二樓的壁板立起固定住）。
⑥組裝屋頂。
⑦安裝屋頂材、外裝材、窗框、玻璃等。

 2×4工法是依地板 → 牆壁 → 地板 → 牆壁 → 屋頂，從下方往上堆積組裝而成的，每一個鑲板都是由桿件和板組裝而成，壁板是在地板上組裝，使其直立起來，地板和牆壁相互牢牢地固定住。

　地板 → 立起壁板 → 地板 → 立起壁板 → 屋頂 → 最後加工

壁板也可於施工前在工廠製造，再用卡車運到工地現場，吊車吊起放置，安裝好地板後，接著安裝壁板，若事先在工廠製作桿件加板的鑲板，可使2×4工法的工期能夠縮短。

　梁柱構架式工法：組裝桿件 → 安裝板
　2×4工法：由鑲板（桿件＋板）堆積起來

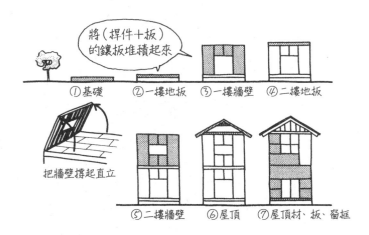

將（桿件＋板）的鑲板堆積起來

①基礎　②一樓地板　③一樓牆壁　④二樓地板

把牆壁撐起直立

⑤二樓牆壁　⑥屋頂　⑦屋頂材、板、窗框

Q 以梁柱構架式工法和2×4工法建造的建築，哪一種較容易重新裝潢或增建？

A 梁柱構架式工法。

2×4工法是用鑲板堆積一體成形的結構體，框架與合板、鑲板都是用釘子或金屬物件等牢牢地接合住，因此無論是框、牆壁或在牆壁上開洞、在隔壁增設房間都非常困難。

另一方面，在梁柱構架式工法中，如果地檻腐爛就只要更換地檻、柱子損壞也只要更換那根柱子、破壞牆壁的一部分來增設一扇門、拆掉斜撐替換到隔壁的牆壁、在隔壁增設房間等，都可很隨意的替換。

　　2×4工法 → 以鑲板一體成形的構造 → 重新裝潢很困難
　　梁柱構架式工法 → 用桿件組成的構造 → 重新裝潢很容易

2×4工法就像單體構造（一體成型的結構）的車子或飛機一樣，很難只更換一部分零件的結構體。

而梁柱構架式工法則是用軸組組成，非常嚴謹的有效結構體，所以要替換或增設都是非常隨意就可以完成的！

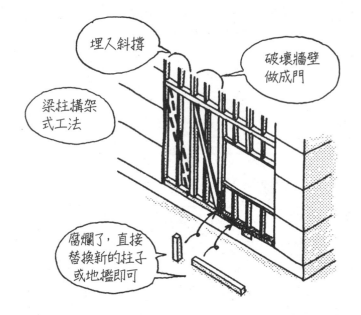

Q 在梁柱構架式工法和 2×4 工法中，哪一個必須要為基礎的水平狀況嚴格把關？

A 2×4 工法。

 2×4 工法是在基礎上先建造一樓地板，再於其上搭載一樓的牆壁，接著建造二樓地板，每個地板的地板格柵也兼作梁，上層面也是平台，所以在尺寸上完全沒有變動空間。基礎如果是傾斜的，上面的地板也會是傾斜的。

而梁柱構架式工法的地板，地板格柵和梁的上層面原本就在不同的水平面上，為了將地板格柵抬高，可改變格柵從梁抬起的高度來取水平。因為地板格柵和梁的上層面是不一致的，所以可以在這個地方做變化、有調整的空間。

　　2×4 工法 → 地板水平是根據基礎的水平精度而來，之後要調整很困難

　　梁柱構架式工法 → 地板格柵的高度可自由發揮，也可用來調整地板的水平

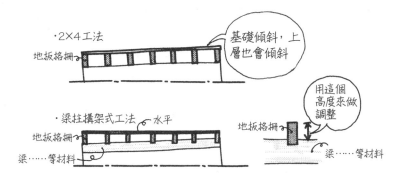

Q 低地或谷地的地盤通常是硬的還是軟的？

A 軟的可能性較高。

低地或谷地是水流匯集的地方，常有河川或沼澤。可能是因為大雨而發生洪水，也可能發生過河川氾濫，或是隨著水流而來的泥沙堆積而成。像這樣的地盤，土壤中的水分較多，會形成軟弱的黏土或沙層，若在其上放置重物，土壤中的水分被擠壓出來，容易引起地層下陷。而且在較軟的地質上，會加強地震震度，振動的週期會變長，和木造建築的長週期容易發生共振現象，更增加其危險性。

一般而言，木造住宅的地盤通常以台地為最好的選擇，如同下圖像高台、桌子造型般的地盤。在看地圖的時候，河川一定在最低窪的地方，因為水會匯集到地勢最低窪的地方，從地圖上也可以知道：河川的方向就是土地傾斜的方向。

要注意和水有關係的地名，其地盤可能就是較低窪且軟弱的土層。

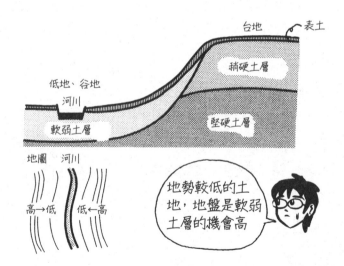

Q 什麼是L形擋土牆？

A 支撐土壤的L形鋼筋混凝土牆壁。

現在一般都是用鋼筋混凝土建造，而較低矮的擋土牆有時也會用混凝土塊或石頭來堆積而成，而高的擋土牆若不是用鋼筋混凝土建造的話，會有危險。

為什麼是L形呢？舉L形擋書架作例子就會知道囉！L形書架的下方若用書本壓住的話，擋書架便很難倒塌，相反地，如果不用書本壓住，擋書架便很容易倒塌。

在土壤層的情況也是一樣，L的下方用土壓住的話便較難倒塌，因而所有鋼筋混凝土造的擋土壁都是L形擋土牆。

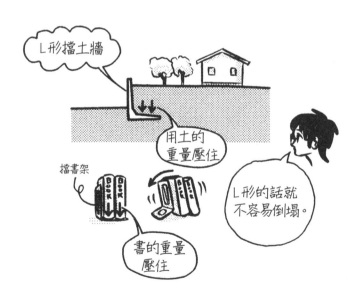

3

基礎·地盤

Q 什麼是削土、填土？

A 挖出斜坡面上的土就叫作削土，而在其上填滿則稱為填土。

在傾斜土地上建造時，削土和填土的工程作業是必要的，這是用來使地面平整的作業。

開挖土方時，因為是從原有的土壤開始，所以地盤大多是堅硬緊實的，重點在於填土，填土是後來才堆積出來的柔軟地表，和長年累月擠壓緊實堅固的土壤層不同，即使用機器夯壓讓它緊實固定也不夠，若在這上面建造建築物的話，有可能會下沉。

但是也不能省略填土的步驟，若只用削土的方式建造平坦地面，則會面臨開挖土壤的處理問題，而要建造L形擋土牆的內側部分時，也必須填充土壤，只用削土方式在工程作業上會有困難度。

L形擋土牆事前在填土的一側稍微削土，待形成擋土牆後，再開挖斜坡面上較高的一側，並將這些土壤當成填土來使用。所以在靠近L形擋土牆的內側絕對是填土！

用L形擋土牆做成的階梯式土地，擋土牆內是軟質土壤層的可能性高，要特別注意。

Q 什麼是Sweden式貫入試驗？

A 用螺旋狀的機械（screw point）鑽入土壤，從它的抵抗來推定地盤承載力的方法。

如下圖，用木鑽鑽木材時，能輕鬆鑽入的是軟木，需要用力的則是硬木。土壤亦是如此，能輕易鑽入的就是軟土，需要用力鑽的就是硬土。試驗的時候需要用同樣的力量來鑽，人的力量有強有弱，無法確定，所以不能用來作試驗，在這裡加上同樣的砝碼作比較，實際試驗是以加上100kg的砝碼鑽入25cm深，並以鑽了多少圈來計算，因為是用同樣的力來鑽，旋轉數目較多的就是硬土。

我們也能在實驗室以同樣的條件，對不同的地質來作試驗。在某地質轉了多少圈表示其硬度，並預先作成一個數值表，用實驗室的數據和在工地現場實際測得的轉圈數比較，就可以推算工地現場的地盤硬度。

Sweden式貫入試驗除了手動之外，也有用機器來測試的，在木造等輕量建築、10m以內的淺地盤調查時使用。因為這種調查方式容易又便宜，所以在木造住宅等場合經常使用。

稱為Sweden是因為從瑞典（Sweden）國有鐵路所採用的地盤調查方法演變開來的，也稱為Sweden式錘測（sounding）試驗，sounding就是指敲打或使其旋轉的試驗。

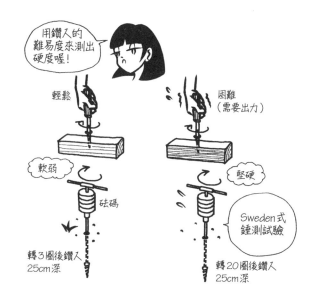

用鑽入的難易度來測出硬度喔！

輕鬆　　困難（需要出力）

軟弱　　堅硬

砝碼

Sweden式錘測試驗

轉3圈後鑽入25cm深　　轉20圈後鑽入25cm深

Q 什麼是不均勻沉陷？

A 建築物傾斜下沉的意思。

建築物整體一起下沉的話，造成的破壞比較小；一部分大量下沉，另一部分只下沉一點的不均勻沉陷，造成的傷害較大。嚴重的不均勻沉陷是無法恢復原狀的，只能將建築物整體破壞掉。

不均勻沉陷造成的傷害不只是地板傾斜而已，建築物的各個部分都有可能會變形為平行四邊形，基礎若歪斜為平行四邊形（如下圖），朝傾斜方向拉張，會產生裂縫，而門框、窗框若歪斜為平行四邊形便無法開啟了。

地盤兩側的硬度不同時，很容易發生不均勻沉陷。若在已削土和填土的土地上興建了建築物卻沒有採取任何對策，發生不均勻沉陷的可能性就會增高。

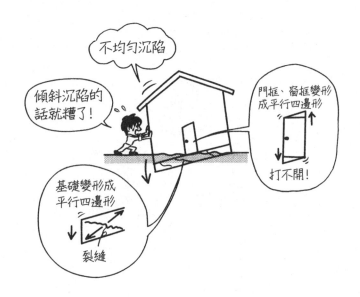

Q 什麼是地盤改良？

A 在土裡加入含水泥等材料的固化劑，攪拌後凝固以增加地盤硬度的方法。

把固化劑粉加入土裡攪拌，因為有加入水泥粉等材料，過一陣子後就會凝固起來，增加地面對建築物的支撐力（地盤承載力）。

若作為支撐地盤的地層太深太廣，要將全部土壤全以地盤改良的方式來處理便極為困難，所以還有以圓筒狀來作地盤改良的方法，就稱為柱狀改良。

柱狀改良是以專用機器對地盤挖鑿圓筒狀的井，挖好井之後注入固化劑，再進行攪拌，一直到支撐地盤接近凝固時才將機器收回。在建築物的基礎下方，可用許多根的圓筒狀地盤改良，防止建築物產生下陷。

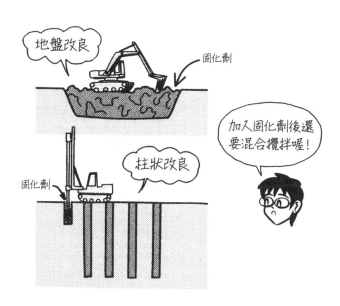

Q 什麼是樁？

A 打入硬地盤，支撐建築物的柱狀構件。

 在建築工程上的樁主要是指樁基礎。樁是木字邊的文字，所以可以想像以前是使用又圓又粗的木材，因為木材容易腐爛，所以現在大多使用鋼製、混凝土製的樁。在木造住宅中，一般使用鋼管的樁。

比起地盤改良，一般將樁打入、穿越軟弱地層抵達硬地盤來支撐建築物的方法更受到信賴。

用細鋼管的話，大概間隔2m左右，粗鋼管則以2m以上的間隔打入。

在住宅的話，因為工地面積狹小，且有運送搬入材料等問題，所以通常使用2m左右的短樁，用連接的方式打入。

業者們開發多種不同種類的樁和工法，有在樁的前端加入螺旋狀的東西，也有以旋轉方式插入的鋼管樁。

Q 什麼是水樁？

A 打在建築物的建築預定地周圍，標示出水平或基礎位置的細桿件。

椿是插在土裡的桿件，一般是指樁基礎，但水樁是細桿件，是為了工程的準備，而在建築物位置外圍1m左右、間距約1間（1.8m）打上的。

水樁的頂端如下圖是兩個相互不同方向的尖角形，如果惡意在上方敲打會使水平錯亂，所以這是為了判斷是否被惡作劇過的特殊設計。在以前，敵對的木工、建商會做這樣子的預防措施。

在水樁上打上稱為水平桿（日：水貫）的細長板，水平桿的貫指的是在柱子等垂直材上以水平方向插入的長板，因為是貫穿柱子插入的橫向材料，所以稱為貫。從此，用細長板以橫向方向釘上的東西就稱為貫。

水樁、水平桿為什麼會加上「水平」這個字呢？這是因為它們都是用來取水平的，說到水平的水，以前真的就是用水來取水平的，在一個挖了小溝的細長板上加水，就可以取得水平，而據說金字塔的水平也是用水來測定的。

取水平的動作稱為水準測量，來自於上段所說，在挖溝的桿件上盛水來定水平的作業來的。在現在的施工現場，水準測量是指打上水樁、水平桿後，以其為基準來定水平的作業。

用來定水平的樁，所以稱為水樁。

防止惡作劇

水樁

防止振動

水平桿

Q 什麼是benchmark？

A 作為高度基準的水準點。

 在圖面上，高度的基準為地盤面（GL：ground level），而實際建造的時候，土地是凹凸不平的，且在建造基礎的時候會要挖洞，所以GL是變動的。

由此可知，必須在工地周圍找一個不會變動的混凝土或混凝土建材，在上面做記號以作為高度的基準，如果找不到這樣的混凝土時，就在工地附近某處埋一個混凝土塊，並確保它不會任意移動也可行。

這個作為高度基準的就是水準點（benchmark），GL是在事前就先決定為從水準點算起＋500mm或－200mm，從這裡反推回來，以基礎的底面為水準點－○○，而基礎的上層面為水準點＋○○來進行工程。

benchmark原本是用來測量的基準點，原意就是水準點。而現在也被用在指測試電腦系統性能的指標，或者是投資效率的指標（日經平均股價等）。

Q 如何在水樁上保持水平的釘上水平桿呢？

A 使用雷射水平儀照射出水平方向的雷射線，根據雷射線的位置釘上水平桿。

雷射水平儀可以發射出水平和垂直方向的紅外線光，用對準雷射紅外線的方式，即可簡單定出水平和垂直。

在裝設雷射水平儀時，會在儀器上加上一個含有液體及氣泡的裝置，這是為了調整機器本身的水平。使用雷射水平儀之前，先在打上水樁的工地正中央架上三角架，然後設定機器的水平，接著便會對每一根樁映射出雷射的紅外線，在這個位置畫上黑線，對齊黑線的上方釘上水平桿即可，而一般以基礎上**20cm**為標準來設定雷射的高度。

雷射水平儀在內部裝潢工程中也會用到，使用雷射水平儀可以很簡單的測量出地板是否不平。首先在房間的中央設置儀器並調整至水平，然後對著牆壁照射雷射，再測量這個雷射到地板的高度，若測定的高度不同，就可以知道這個地板不是水平的。

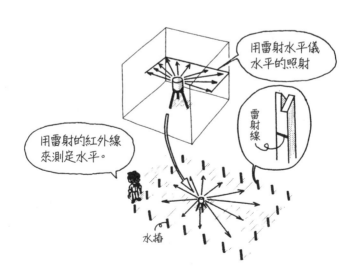

用雷射水平儀水平的照射

雷射線

用雷射的紅外線來測定水平。

水樁

Q 什麼是水平基準線？

A 佈置在水平桿上面的線，用來標示基礎中心等的位置。

和水平桿、水樁等一樣，水平基準線是用來表示水平的線。一般最常用黃色的尼龍線，有時也可看見白色或藍色。

水平桿是以雷射水平儀等水平釘上的，高度為基礎頂端上方**20cm**高，而在水平桿的頂端佈設水平基準線，所以水平基準線也就是在基礎上端**20cm**高的水平設置的。只要在水平桿的頂端上釘上釘子，水平基準線就一定會是水平的。

而取直角就需要花一些功夫了。大平面的對角線以畢氏定理來計算，也就是兩直角邊的平方相加等於斜邊平方。另外，也可用**3：4：5**直角三角形來取直角，使用水平材等材料在工地現場製作直角三角形的三角尺，比方說以**50cm**為單位，定出**1.5m：2.0m：2.5m**直角三角形的大三角尺，使用這個三角尺就可以取出各部位的直角。大直角就用對角線的長度來訂定，而小直角則用三角尺來定出。

在基礎中心線的上方佈設水平基準線，再以水平基準線為標準來開挖基礎。打上水樁，取水平打上水平桿，取直角佈設水平基準線的整個過程稱為水準測量・放樣（日：水盛・遣り方），放樣從水樁和水平桿而來，也可以指臨時設置的東西，而日文中表示手段或方法的語詞「やり方」，也有是從這個放樣（日：遣り方）一詞而來的說法。

　　水準測量 → 取水平的作業
　　放樣 → 打上水樁、水平桿，並佈設水平基準線的作業

水平基準線　水平桿

在基礎中心的位置上佈設線

水準測量・放樣　水樁

Q 什麼是地繩？

A 為了確認建築物的位置，而在地面上設置的繩子。

 因為是在地面佈設的繩子，所以稱為地繩。佈設地繩的工作就稱為拉地繩或拉繩。

拉地繩不需要像水平基準線一樣精確，只是為了確認位置而設置的。通常為尼龍製的黃色繩子、黃色水平基準線等在地面上可容易看見的有色繩子。

用來確認建築物的形狀？開口方向是否和圖面上一致？和圍牆的間隙？放置冷氣室外機的空間足夠嗎？車子是否進的來？這些情況有時會依地繩佈設出來的狀況來改變原本建築物的配置。

一般施工施工順序為在水準測量・放樣之前佈設地繩，但也有在設置水樁、水平桿之後、水平基準線之前佈設地繩用來確認位置。

　　佈設地繩→用水準測量・放樣來佈設水平基準線→基礎工程

Q 什麼是地基開挖（日：根切り）？

A 為了基礎等工程而挖掘地面的工作。

建造基礎或地下室時，一定要挖掘土壤，這個挖掘工程就稱作地基開挖。如果把建築物比喻為樹木，潛藏在土壤下的部分就是根，挖掘土壤就像挖掘根的部分且鏟除它，所以在日文裡稱為「根切り」。

以水平基準線作為指標，在土壤上用石灰標示出基礎中心，這是在地面上拉線的要領。因為當拆除水平基準線後，就要照著這個石灰線來挖洞。通常使用稱為鋤耕機的重機（怪手）來挖掘地表下方，而在小地方則使用鏟子來做些微的調整。

洞的底部稱為基底，必須使它從水準點測量的深度都一致。有地下室的基底會較深，因此有土壤崩塌的可能，所以要立起板子來防止崩塌。用來固定住土壤層的長板，因為要插入土裡，前端是尖的，所以日文稱為矢板，也就是中文的板樁。建立板樁的施工作業稱為擋土壁工程，也就是把土固定住的意思。

> 地基開挖 → 挖土的施工作業
> 板樁 → 固定土壤層的板
> 擋土壁工程 → 固定土壤層的施工作業

地基開挖就是挖掘土壤的工作。

Q 什麼是基腳？

A 指基礎在底面擴大的部分。

又稱為基腳基礎。

在軟土上走路時，高跟鞋的細跟會陷入土裡，而像運動鞋這類底面較平坦的鞋子，因為底面積較大，在軟土上行走時較不會陷進土裡。

人的腳底板底面是寬廣的，木造建築的基礎也一樣，底面需要擴展開來。底面積較大的建築物較為安穩，比較不會因載重而沉陷。人的腳為L形結構，這是為了方便往前行走，而木造住宅的基礎並不需要走動，所以底面以對稱的方式展開，因此基礎形成倒T形。

基腳基礎在鋼筋混凝土建築或鋼骨結構建築物上也經常被使用。基腳有許多不同的類型，例如在柱子下方的底面擴展出正方形、或在牆壁下方以帶狀的方式擴展底面等。

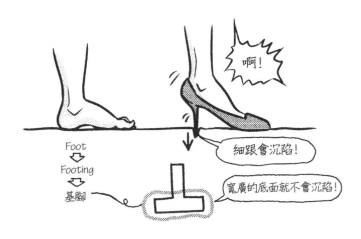

Q 什麼是連續基礎？

A 在所有的牆壁下方連續設置的帶狀基礎。

連續基礎是指基礎以長帶狀接連起來的形狀，因為日本從前的布一般為 **36cm** 寬的卷物，因此在日文裡稱為布基礎。

連續基礎即牆壁下方設置的帶狀基礎，如下圖，在所有的牆壁下方都 設置了基礎，且在土裡的基礎底面有擴大基腳，這個斷面為倒 **T** 形的基 礎，設置在牆壁的下方形成帶狀，就是連續基礎。

鋼筋混凝土建築或是鋼骨結構建築也會使用連續基礎，在這個情況下， 從一根柱子到另一根柱子之間做成帶狀的基腳基礎，所以又稱為連續基 腳基礎。

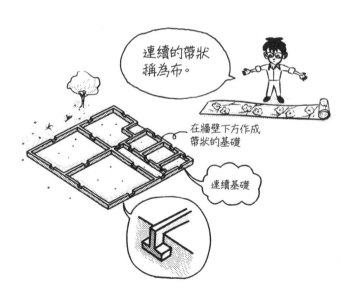

連續的帶狀 稱為布。

在牆壁下方作成 帶狀的基礎

連續基礎

Q 什麼是筏式基礎？

A 在建築物的底面加上鋼筋混凝土板，以板來支撐建築物的基礎。

如下圖，將筷子組成的結構體直接插入土裡，因為筷子前端細又尖，再加上重量就會容易沉陷，如果在結構體的下方鋪上一本書，重量分散在整本書上，就不易沉陷。因此底面積越大的時候，支撐能力就越大。

像書本一樣作為「整體」板的基礎，就稱為筏式基礎。相對於連續基礎只在牆壁的下方做支撐，筏式基礎是支撐著整個建築物的底面，在連續基礎中雖然加上了基腳，但和整體面績比較起來還是小很多，為了補強這個部分，在建築物底面全面加上基礎，就是筏式基礎。

連續基礎 → 只在牆壁的下方以基腳底面來支撐
筏式基礎 → 以整個底面來支撐建築物

掘立柱　　　　　　筏式基礎

以整體來支撐的基礎。

以整個板來支撐

Q 什麼是碎塊石（日：割栗石）？

A 在澆灌混凝土基礎前所鋪設的石頭。

將原稱為圓礫石的大圓石頭切割後，較尖的一端向下插到土裡並排，因為切割圓礫石，所以稱為碎塊石。把尖端插到土裡再從上方搗實，使其陷入土中，如此一來就是一個牢固的地盤而不會繼續沉陷，像這樣以縱向並排的稱為尖端站立，雖然也有將細長圓石以尖端站立的方式來排列，但現在一般比較常用的是從碎掉的大岩塊而來的碎石。碎石分為一號碎石（80～60mm）、二號碎石（60～40mm）、三號碎石（40～30mm）等大小。在木造建築中最常使用的是一號碎石、二號碎石等。

現在仍稱鋪在基礎下的大碎石為碎塊石、礫石等。用小於100mm的大碎石，鋪設在厚度100～200mm左右的洞底（基底），這個工程作業在日文裡稱為割栗地業（地業，處理土地的作業）。

理想上是將大碎石以尖端站立的方式排列，但是因為這需要人工來作業，對整體結構的功能性卻不高，所以現在較為少見。

石頭最好以縱向並排。

但是常常是使用碎石。

碎塊石

圖面示意

150

Q 什麼是破碎砂石（crusher-run）？

A 由 0 ～ 40mm 大小的碎石集中起來的砂石。

在碎塊石上面鋪上稱為破碎砂石的砂石，是從像沙子一樣的小碎石到大碎石的混合物，碎石是使用粉碎機（crusher）將岩石弄碎，人工製成的砂石。將這些碎石過篩，篩掉超過規定尺寸的石頭，剩下來的碎石就稱為破碎砂石或破碎碎石。又因為是從粉碎機製成的砂石，所以也稱為 **crusher-run**。

將大大小小的碎石以 **40mm** 的篩孔過篩之後，就會篩出小於 **40mm** 的碎石，小於 **40mm** 的碎石表示為 **C-40** 或 **crucher-run 40 ～ 0** 等。在碎塊石上鋪設的破碎砂石一般為 **C-40**。要能填入碎塊石的細縫間，需要從小到大各種不尺寸的砂石，如果只有大砂石的話，可能無法填滿碎塊石間的空隙。而在瀝青鋪面道路的基礎也常常使用這個破碎砂石。

把過篩後 40mm 以上的碎石，再次過篩分為 50 或 200mm 的碎石等。在這裡把不同大小的碎石以粗略的方式分類，被用在和破碎砂石不同的地方。

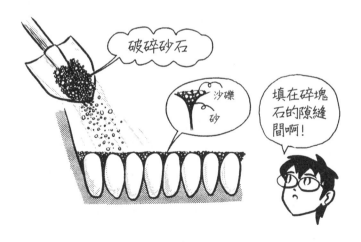

Q 什麼是鋪底混凝土？

A 在碎塊石上鋪一層厚度30～50mm左右的混凝土，作為基礎混凝土工程的準備。

如果在土壤上直接建造結構體，會發生重量較難傳達到土裡、新拌混凝土陷入土裡、鋼筋必須在土上配置、沒辦法畫線做記號等問題，因此會有許多的不便。彈墨線是使用黑線來描繪基礎的位置，為此如前面所說，在鋪上碎塊石之後，再以鋪上切碎砂石填滿空隙、固定住，再於其上灌入鋪底混凝土。鋪底混凝土成分和普通混凝土一樣，但有時水分會少一點。

會稱為鋪底混凝土是因功能為打底的混凝土，而非本體的混凝土。和內部裝潢工程一樣，在打上最後一層板之前，會先鋪上打底板。打上鋪底混凝土的意義，首先是為了要作出水平的面，在凹凸不平的碎塊石上進行工程作業較為困難，如果有固定的平面，工程就比較容易進行！而因為鋪底混凝土有調整水平高度的功用，所以也稱為**level concrete**。

在凝固的鋪底混凝土層上彈墨線，用來確定基礎位置，鋼筋也是在鋪底混凝土上組裝，因為鋪底混凝土是堅固的水平面，可容易的將鋼筋水平的配置，從鋪底混凝土表面算起的覆蓋厚度（從混凝土表面到鋼筋的距離），也只要把間隙控制材（**spacer**，建立間隔的器具）放在鋪底混凝土的上面就可以確保它的水平。

如果有鋪底混凝土的話，模板的組裝也會變得容易，所以鋪底混凝土是工程作業中不可欠缺的步驟。

鋪底混凝土
（level concrete）

碎塊石

土

厚度約為
30～50mm

①人工的水平面
②正確地彈墨線
③確保鋼筋的覆蓋厚度

注：台灣工人用語為：速底（sūah de，台語發音）就是從日文的「捨て（su de）」而來。

Q　什麼是 RC？

A　鋼筋混凝土。

RC 是 **reinforced concrete** 的縮寫，**reinforce** 是補強的意思，所以 RC 原本的意思是以鋼筋補強的混凝土。

Reinforce 的「**re**」在英文裡是「再」的字首，「**in**」則是「進入」的意思，「**force**」就是「力」，因此就是從原本有的力之外再加上其他力，也就是補強的意思。混凝土抵抗張力的能力較弱，所以需要加上鋼筋來補強。在木造建築上的基礎也幾乎都是使用鋼筋混凝土來建造，因此，學習木造建築的時候，對鋼筋混凝土也要有某些程度的認識。

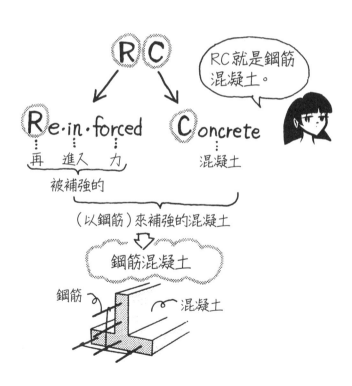

Q 為什麼混凝土要用鋼筋來補強呢？

A 因為混凝土抵抗張力的能力較弱，所以需要抵抗張力較強的鋼筋來補強。

雖然混凝土抵抗壓力（壓縮）的能力很強，但卻有不太能抵抗張力的缺點，所以加入抵抗張力較強的鋼筋，使整體抵抗張力的能力變強。

混凝土和鋼筋的熱膨脹係數極為接近，所以接受太陽照射的熱能時，鋼筋和混凝土是以同樣的程度膨脹和收縮，若兩方係數差別過大，遇熱就會變形而毀壞，所以混凝土可以用鋼筋作為補強是因為它們的膨脹係數幾乎一樣。

又因混凝土是鹼性物質，而鋼在鹼性物質中有較不易鏽蝕的特性，所以可想而知鋼筋混凝土是合理的組合。

熟鐵是 **iron**，鋼是 **steel**，在鐵裡加入碳就變成強度較強的鋼，所以性質有些不同，而使用在結構材料上的則都是鋼。

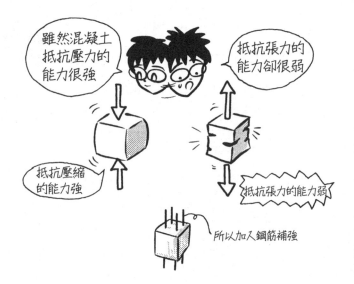

Q 混凝土是用什麼組合而成的？

A 由水泥、砂、砂石、水組成的。

將細砂和大小同小指前端的砂石以稱為水泥的接著劑凝固，就叫作混凝土。水泥是從石灰石等製成的粉末，和水混合時有固結的性質。

因為砂和砂石在混凝土中屬於骨的材料，所以也稱為骨材；砂是較細的骨材，稱為細骨材；而砂石是較粗的骨材，所以稱為粗骨材。

　　砂 → 細骨材
　　砂石 → 粗骨材

大概的體積比約為水泥：砂：砂石＝ 1：3：4。
一般是以水泥攪拌車運送在水泥工廠調和而成的新拌混凝土（還未固結的混凝土）到工地現場。

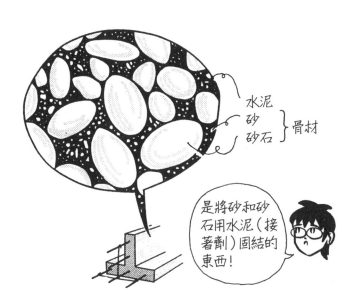

水泥
砂
砂石 　}骨材

是將砂和砂石用水泥（接著劑）固結的東西！

Q 什麼是水泥砂漿？

A 將水泥和砂混合後再加上水的材料。

水泥砂漿是使用在混凝土的最後一道步驟，灌好混凝土的基礎表面不是很好看，所以會在表面上塗上 **20～30mm** 的水泥砂漿。

首先用泥刀塗上水泥砂漿，塗好水泥砂漿後就算完成了，但有時還會用刷子刷過表面，留下刷痕，會變得比較好看，又稱為灰漿毛刷塗敷裝修。

有時為了減少灰漿毛刷塗敷裝修的費用，不使用一般的模板而改使用鋼板，用鋼製模板灌置混凝土，拆掉模板後，混凝土的表面會是光滑的，就可漂亮完工！

水泥砂漿是水泥＋砂，混凝土是水泥＋砂＋砂石，也就是說把水泥當作接著劑來固定砂或砂石，水泥砂漿是被用來加工或修補的，不能只用水泥砂漿來建造結構體。建造結構體時是必須要用砂石來製造體積的。

水泥砂漿 → 水泥（＋水）＋砂
混凝土 → 水泥（＋水）＋砂＋砂石

Q 什麼是水泥漿？

A 在水泥中加入水的材料。

水泥漿是水泥砂漿或混凝土裡的接著劑，用水泥漿把砂或砂石接著固定
住以做成水泥砂漿或混凝土。

水泥漿也稱為泥漿，一般不太會單獨使用水泥漿，但有時也會用在加工
時，像是塗在水泥砂漿的表面上以作出漂亮的成品，成為抹灰工。做了
抹灰工之後，原本粗糙的水泥砂漿表面就變成光滑的成品！

如果水泥漿稱為泥漿的話，在其中加入砂的水泥砂漿就稱為灰漿，兩個
都是專業工匠的用語，在這裡請把水泥漿、水泥砂漿、混凝土的分別牢
牢地記住！

水泥＋水 → 水泥漿（泥漿）
（水泥＋水）＋砂 → 水泥砂漿（灰漿）
（水泥＋水）＋砂＋砂石 → 混凝土

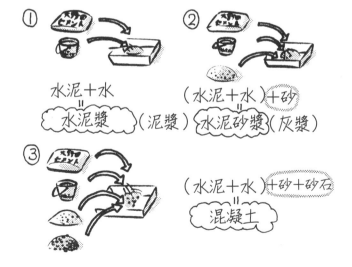

Q 1. 基礎牆身的厚度為？
2. 基腳的厚度為？

A 1. 150mm左右。
2. 150mm左右。

一般來說，建築物各部位的混凝土厚度為120、150、180mm三種規格，鋼筋混凝土建築的地版、牆壁最小厚度為120mm，一般為150mm，稍厚的則有180mm，而最厚的是200mm。牆壁構造的牆壁厚度則一般多為180或200mm。

在木造建築倒T形的連續基礎中，牆身的厚度為150mm，支撐建築物重量的基腳厚度也是150mm。

基礎牆身的厚度 → 150mm
基腳部分的厚度 → 150mm

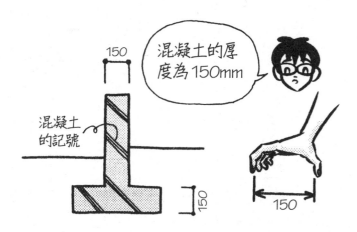

Q 1. 基腳底面是從 GL 向下算起大約多深？
2. 基礎頂端是從 GL 算起大約多高？

A 1. 300mm 左右。
2. 300mm 左右。

GL 是 ground level 的簡稱，ground 是地表的意思，level 則是指高度，所以 GL 就是地盤面高度的意思。

基礎是從 GL 算起，－ 300mm 左右為底面，＋ 300mm 左右則為頂端。

基腳底面的深度稱為埋入深度，建築物的根也就是基礎，而這個基礎是深入土裡的，所以稱為埋入深度。埋入深度會根據地盤的硬度或建築物的重量而有所不同；另外還有依凍結深度改變埋入深度（凍結深度，土壤水分不會凍結的深度）。

水在結冰時體積會膨脹而壓迫基礎，但如果埋入深度是在比凍結深度還深的地方，就不用害怕會因凍結而被抬起，而越寒冷的地方，凍結深度會越深。也就是凍結深度是 60cm 的話，比 60cm 還深的地方就不會結冰，因此就必須要挖出比 60cm 還要深的基礎。

基礎頂端的高度為 300，是建設省告示（平成 12 年 5 月 23 日第 1347 號）上規定的。基礎的高度也會因一樓的地板高而有所不同。

先記住基礎是 GL ± 300mm 吧！

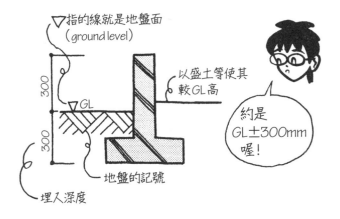

▽指的線就是地盤面
（ground level）

300

▽GL

以盛土等使其
較 GL 高

300

約是
GL±300mm
喔！

地盤的記號

埋入深度

Q 基腳的寬度為?

A 300〜450mm左右

人自然站立的時候,兩腳間的距離約是肩膀寬±α,也就是300〜450mm,而木造建築基腳的寬度也作成300〜450mm。

就像人會因身高的不同,兩腳間的距離也會不同,基腳的寬度也會因建築物的大小或地盤的硬度而有所不同。在大的建築物或軟弱地盤時,基腳會做成比較大的面積。

鋪上碎塊石,然後灌入鋪底混凝土作成水平的面,再於其上建設基礎。因為在建設基礎時,必須在鋪底混凝土的上面設置模板,在裡面灌入新拌混凝土,所以碎塊石、鋪底混凝土的寬度必須要比基腳的兩翼各多50mm。

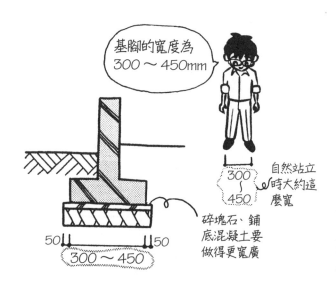

基腳的寬度為
300 〜 450mm

自然站立
時大約這
麼寬

碎塊石、鋪
底混凝土要
做得更寬廣

50　　50
300 〜 450

Q 如何處理連續基礎的頂端（天端）？

A 用水泥砂漿把它整平。

 在混凝土凝固，把模板拆掉後，混凝土表面會是凹凸不平的，而基礎以上的作業必須仰賴基礎來進行，如果基礎凹凸不平的話會造成麻煩。

所以在基礎上用15～20mm左右厚度的水泥砂漿來整平。這個用來整平的水泥砂漿就稱為整平水泥砂漿，其實這不是什麼特別的水泥砂漿，就是一般的水泥砂漿，但因為是用來整平，所以就這麼稱呼它。

在圖面上標記為整平水泥砂漿厚**20**，或整平水泥砂漿ア**20**，或整平水泥砂漿**T＝20**等，在這裡的ア就是アツミ（厚度）的意思，**T**也是**thickness**（厚度）的意思。

市面上也有可以簡單使頂端保持水平的產品，像水流動一樣灌入使其凝固，因為在凝固前具有像水般的流動性，自然就可以成為取水平的方法。

Q 木造建築中連續基礎內部要埋入什麼鋼筋？

A 如圖，上下用 **D13**，中間和基腳的兩翼則放入 **D10**，並且以 **300mm** 的間距用 **D10** 把它們鉤住。

 D13 就是表面有隆起、直徑 **13mm** 的竹節鋼筋，竹節鋼筋的設計是為了要能與混凝土緊密接合，而在表面弄成凹凸不平的鋼筋。雖然會因部位的不同而改變直徑，但斷面積平均直徑為 **13mm** 的鋼筋都稱為 **D13**。
和竹節鋼筋相反的是表面光滑的鋼筋，稱為光面鋼筋。直徑 **9mm** 的光面鋼筋寫成 **φ9**，**φ** 是直徑符號，讀作 **fai**。

　　　D13 → 直徑約 **13mm** 的竹節鋼筋
　　　D10 → 直徑約 **10mm** 的竹節鋼筋
　　　φ9 → 直徑約 **9mm** 的光面鋼筋

在基礎的上下各放入較粗的 **D13** 鋼筋，其餘則使用 **D10** 的鋼筋，在連續基礎軸方向上，有兩根 **D13**、三根 **D10**，總共設置五根鋼筋。為了讓這五根鋼筋可以相互纏繞在一起，以間距 **300mm** 埋入 **D10** 的鋼筋，寫為 **D10@300**，**@** 就是間隔的意思，**D10** 在 RC 結構建築中也常常會被作為補強的用途。

　　　D10@300 → 將 **D10** 的竹節鋼筋以間距 **300mm** 埋入

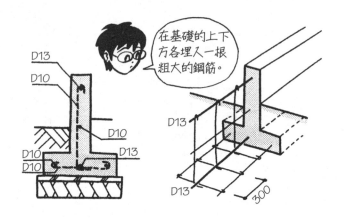

在基礎的上下方各埋入一根粗大的鋼筋。

注：在台灣工地中則以台語「三分鐵仔（sann hun ti a）」來稱呼 D10 的鋼筋。

Q 木造建築的連續基礎到完工的工程順序為?

A 如下圖①～⑤的順序:
①拉地繩、水準測量、放樣、地基開挖。
②鋪碎塊石、鋪破碎砂石、輾壓、灌置鋪底混凝土、彈墨線。
③配置鋼筋(配筋)、組裝模板。
④澆灌混凝土、拆除模板。
⑤在基礎頂端塗上整平水泥砂漿。

組裝鋼筋可以直接在現場作業,也可將事前已組裝好的鋼筋直接架設作為連續基礎用。

鋼筋配置在比鋪底混凝土高一點的地方、混凝土的內部,如果沒有被完全包覆,鋼筋會較容易鏽蝕。混凝土覆蓋鋼筋的厚度,就稱為覆蓋厚度,確保覆蓋厚度是配筋時最重要的檢查要點。

澆灌混凝土時,先灌入基腳,當基腳的混凝土凝固後,於其上組裝基礎牆身的模板,再灌入混凝土,但也有同時灌入基腳和基礎牆身的。

基礎工程就像字面上的意思,指的是建造建築物的基礎。如果基礎建設中有瑕疵,不管建築物的上層多麼努力建造也是於事無補,所以這是整個建築工程中最重要的部分!

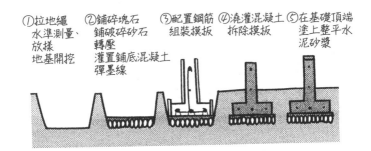

①拉地繩　②鋪碎塊石　③配置鋼筋　④澆灌混凝土　⑤在基礎頂端
　水準測量、　鋪破碎砂石　組裝模板　拆除模板　塗上整平水
　放樣　　　轉壓　　　　　　　　　　　　　泥砂漿
　地基開挖　灌置鋪底混凝土
　　　　　　彈墨線

Q 基礎和地檻有什麼不同？

A 基礎是以混凝土建造建築物最底層的結構體，地檻則是在基礎上鋪設的木材。

基礎是用混凝土製成，地檻則是用木材。把像柱子般的木材橫向安裝在連續基礎上，這就是地檻，基礎和地檻在一般用語中常常會被混用，但在木造建築中必須要嚴格地區分它們的用法。對初學者而言，是容易混淆的概念，要多注意！

　　　基礎 → 混凝土
　　　地檻 → 木材

地檻是斷面尺寸約120mm的木材喔！

地檻…木材
基礎…混凝土

Q 地檻如何固定在基礎上？

A 使用錨定螺栓（anchor bolt）來固定。

anchor是船錨，anchor bolt就像船在停泊時會下錨一樣，是使各部位構件不會移動、固定的螺拴。在灌入基礎的混凝土之前，先裝設錨定螺栓，再灌入混凝土，凝固後就不會鬆動。之後在地檻上開洞，穿過錨定螺栓，再於上面用螺絲帽將地檻固定。通常使用M12的錨定螺栓（直徑12mm，全長450mm左右），前端為L形或U形，如此一來較不容易從混凝土中錯開。在圖面上標示為anchor bolt M12，ℓ＝450等。

anchor bolt → M12、ℓ＝450

如果是以120mm見方的地檻計算起，而螺栓的頭突出30mm左右，埋到混凝土中的就約為450－（30＋120）＝300mm。

anchor＝錨

Q 為什麼要鋪地檻？

A 因為要讓柱子或間柱等部材可以容易地固定住。

柱子或間柱（固定壁材的細柱）等材料，若在混凝土的基礎上直接固定（左下圖），每一個都需要用錨定螺栓，不僅是柱子或間柱，連固定支撐地板的地板格柵等細木材，每一個都需要金屬扣件來埋入混凝土中，這樣會埋入過多的錨定螺栓、金屬扣件。

而如右下圖所示，因為在基礎上鋪地檻，只有將柱子或間柱等固定在地檻上時需要使用錨定螺栓，地板格柵則搭載在地檻上方，直接用釘子固定就可以了。

地檻是木頭製造，所以釘子或螺絲釘就可以發揮效用，用簡單的金屬扣件就可以將材料固定住，也因為基礎以上的施工為木施工，一旦在基礎上面鋪上地檻的話，施工就會變得輕鬆許多。

鋪設地檻是和柱子或梁一樣，在上梁的時候鋪設的，所以地檻不是基礎工程，而是屬於木工程。

將柱子固定在基礎上　　將柱子固定在地檻上

全部都需要錨定螺栓

只有地檻需要錨定螺栓

Q 為什麼要在基礎上設置換氣孔呢？

A 為了防止溼氣讓地檻或地板組的木頭腐蝕，或防止被白蟻啃蝕等。

因為木頭怕溼氣，所以必須要設置換氣孔。如果溼氣較重，木頭容易腐爛，也容易引來白蟻。而鋼筋混凝土結構建築、鋼骨結構建築的地板組不是使用木材，所以不需要設置換氣孔。

地檻常使用較不易腐爛的檜木，也有稱為注入材的地檻專用合成木材商品，注入材就是把抗腐蝕的藥品注入木材裡。

在四周的基礎上開洞，讓連續基礎圍起來的部分可以流通空氣，不僅僅是外牆的部分，如下圖，內部牆壁底下的基礎也必須要開洞。

內部牆壁下的洞有時也會做成人可以通過的大小，稱為人通口，只要有一個可以檢查地板的洞，就可以檢查所有地板下的空間，如果有設置人通口，要修理排水管或瓦斯管線等就便利許多。

在外牆換氣孔上裝上不鏽鋼製的網子以防止蟲或老鼠入侵，而換氣孔的下部位設計為向外傾斜，這樣一來，當雨水滴進來時，會較容易往外排出。

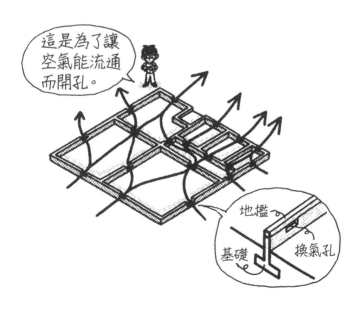

Q 什麼是貓地檻？

A 在基礎上放上厚度約 20～30mm 的襯墊，將地檻抬起來，使其在基礎和地檻的空隙間換氣的工法。

這些稱為貓地檻、基礎襯墊、**Spacer** 等的構造，有堅固的樹脂製或金屬製的商品，也有用栗樹木或花崗岩作成的。

襯墊以間隔約 900mm 的距離來設置，但在柱子的下方一定要有一個襯墊，如果柱子下方沒有襯墊的話，地檻可能會因柱子的重量而彎曲、毀壞。

因為地檻是整個抬起懸空，空氣在地檻下面流通，地檻就比較不會腐爛，但就需要防止水或防止蟲子進入這些空間的設計囉！

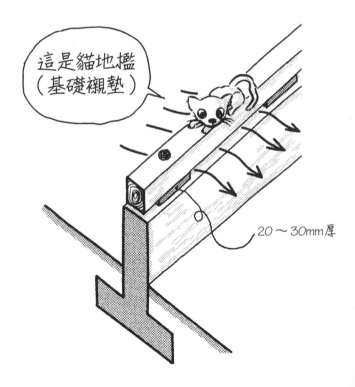

這是貓地檻
（基礎襯墊）

20～30mm厚

Q 如果在基礎上開換氣孔的話，基礎牆身上部的鋼筋就必須切除，如此一來是否有對策？

A 有以下三種方法：

①用鋼筋在換氣孔的周圍做補強。

②為了不要切斷鋼筋而在基礎牆身的中間設置換氣孔。

③採用貓地檻。

若開設換氣孔，在基礎牆身上部的D13就必須要切除，但D13切除後，換氣孔周圍的強度就會比較弱，地震時會在這個地方產生應力集中，換氣孔周圍毀壞的機會就較高。

簡單的對策就是埋入補強的鋼筋，在D13的開孔附近斜向插入鋼筋，以及在開孔下方水平埋入補強的鋼筋，用三根D13的鋼筋來補強開孔附近的強度。

另外也有不需切斷從上面通過的D13的開孔形式，如下圖，在基礎牆身的中間設置四角形或圓形開孔，這時需要注意的是離地面的高度，如果開孔距離地面太近，水就容易會進入室內。

使用貓地檻的方法，就完全不用改變基礎的形狀，鋼筋和混凝土都不會缺損，是最堅固的基礎。

換氣孔的開孔在日本建築法規中規定，每5m以內，開孔面積要超過300cm²，這個開孔的位置一般設置在窗戶下方，因為窗戶下方沒有柱子，是不需要承重的位置。

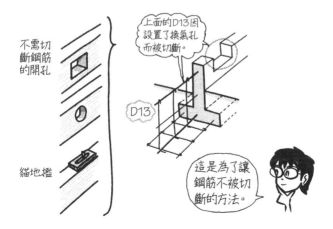

不需切斷鋼筋的開孔

貓地檻

上面的D13因設置了換氣孔而被切斷。

D13

這是為了讓鋼筋不被切斷的方法。

Q 換氣孔的大小為？

A 高150mm、寬300mm左右。

在日本建築法規中，換氣孔的開孔面積規定每5m內要超過300cm²，因此15cm×30cm＝450 cm²合於法規。

在換氣孔的背面鋪上金屬或樹脂製細網防止老鼠或昆蟲跑進去，用水泥砂漿將這個網子固定住，這時候會將水泥砂漿以向外傾斜的方向塗抹，讓它可以在下雨的時候，使水向外流出。

基礎的斷面圖會因為切割部位的差異而有不同表示方式，一般斷面切割在換氣孔以外的部分時，換氣孔的位置會以虛線來表示（右下圖）；而斷面切割在換氣孔的部分時，則是像左圖一樣的斷面圖。

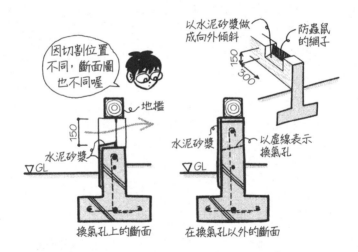

Q 為什麼要在地板下填土呢？

A 為了讓水較不會進入屋內，且溼氣較不會跑上來。

在地板下方堆上約 **50mm** 高的土，來源大多是使用地基開挖時挖出的殘土，兼具殘土處理和填土。

比 **GL** 高 **50mm** 可以使得水較不會從外面流進來，因為水是從高處流往低處，所以即使讓土高一點點也好，如果是比 **GL** 還要低的話，就有可能在地板底下積水。

而且在既有的土壤上再蓋一層土，較不會增加溼氣，但若要加強防止溼氣，使用防溼薄膜或混凝土的效果比填土還要好。

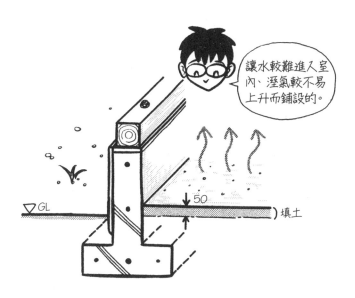

讓水較難進入室內、溼氣較不易上升而鋪設的。

▽GL　　　　　　50　　　　　）填土

Q 什麼是墊石？

A 設置在短柱下方，混凝土製的石塊。

因為一樓的地板下方是土壤，用許多根桿件立起來支撐地板是很容易的，而這個支撐地板的桿件就是短柱（日：束或地板束）。但是如果短柱直接地插進土裡，很快就會腐爛，再加上建築物的重量，容易產生沉陷。因而在短柱的下方設置石頭。

雖然稱為墊石，但現在大部分都是用混凝土製造的，大多為長、寬、高各為約200mm的立方體，在接觸短柱的那面正中央開一個榫孔，短柱的前端凸起（榫頭）部分就剛好插進榫孔，這是為了防止短柱會滑掉而脫落。

墊石的高度為200mm，而露出土面上的為80mm，在土裡面的有120mm，是為了使墊石不會翻轉而埋入土裡。

在墊石的下面還會做碎塊石100mm加鋪底混凝土30mm的處理。因為如果只是把墊石埋到土裡，還是可能會發生沉陷的情形。

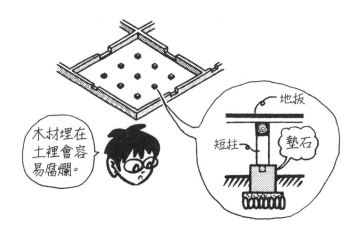

木材埋在土裡會容易腐爛。

地板

短柱　　墊石

Q 什麼是壓入混凝土？

A 在土壤上鋪上砂石或碎石等，並灌入混凝土固定的，即壓入混凝土。

壓入混凝土中沒有鋼筋，但為了防止龜裂，有時也會放入細鋼筋網，這與鋼筋混凝土不同，對結構是沒有作用的。車庫、玄關的地板等也大多會使用壓入混凝土。

如果只在地板下鋪設填土，濕氣仍然容易侵入，所以常會再鋪上壓入混凝土。在鋪上砂石固定後，灌入 50 ～ 150mm 厚的混凝土，而因為鋪在地板下的壓入混凝土是作為防潮用，所以也稱為防潮混凝土。

也有在砂石上鋪上厚約 0.15mm 的防濕薄膜（聚乙烯製）；或是省掉砂石直接在土壤上面鋪上防濕薄膜，再灌入混凝土；又或是在地板下排列縱橫的鋼筋，然後灌入混凝土的版，稱為耐壓版，這是用來承受土壤壓力的版，功能為將建築物整體的重量傳到土裡，壓入混凝土則沒有這樣的功能。

注意，耐壓版和壓入混凝土有點類似，但是功用完全不一樣！耐壓版也有防潮功用，是一體成形的強力基礎底面，比壓入混凝土更高級的方法。

　　地板下的壓入混凝土 → 防潮
　　地板下的鋼筋混凝土 → 基礎＋防潮

Q 筏式基礎的耐壓版的厚度為？

A 約150～200mm。

 耐壓版就是筏式基礎的底面，用來將建築物的重量分散傳到土壤裡，並且承受從土壤來的壓力。

耐壓版通常會依據建築物的樓層數或重量，還有地盤的硬度來設計。一般厚度為150或200mm，最小厚度也有120mm，最厚則有250、300mm的厚度。

混凝土的厚度和基礎牆身、基腳的厚度，還有耐壓版的厚度一樣，都記為150mm＋α，最小是120mm，基礎牆身常常使用120mm，而基腳或耐壓版則要避免使用120mm，而使用150mm。

　　混凝土的厚度 → 150mm＋α

在筏式基礎中灌混凝土的順序和連續基礎是一樣的。

　　鋪碎塊石 → 鋪破碎砂石 → 輾壓 → 打上鋪底混凝土 → 配筋 →
　　組裝模板 → 澆灌混凝土

有時也會在鋪底混凝土上鋪厚0.15mm的防濕薄膜，耐壓版的上層面會比**GL**高**50mm**，是為了避免水跑進室內。

耐壓版和基腳的厚度也都是150mm～

為了防止水跑進室內，因而做得比GL高。

150～200

耐壓版

Q 為什麼要在鋼筋混凝土製的耐壓版角落配置梁呢？

A 因為只有版的強度不夠，所以需要加上梁作為補強。

 如果是大型建築物，不只是在兩側，連中央也會設置梁。加入梁是為了增加版的強度，而有了朝下方突出的梁，會與土壤更緊密結合，所以地盤承載力多少都有比較好一點。如同在角落折幾折之後的紙會變得比較強壯的道理，這就是梁的原理。

若在鋼筋混凝土結構或鋼骨結構建築中有建造耐壓版時，梁則是建造在版的上面。在上述結構建築裡，耐壓版是用來抵抗從下方來的土壤壓力，所以梁設置在耐壓版的上面是合理的。但是在木造建築，因為並無承受太大的力，所以就設置在下方。

在木造建築的筏式基礎中，梁設置在耐壓版的下方，這樣工程進行時較為方便。如果在耐壓版上面有梁突出來，要同時將混凝土灌入梁的上面和耐壓版較為困難，一旦耐壓版上層的新拌混凝土凝固，在梁的中間就會出現混凝土的接合點，而如果梁設置在耐壓版的下方，將混凝土同時灌入耐壓版和梁就變得較簡單。

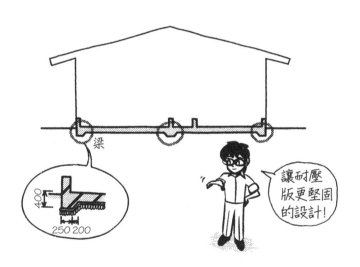

Q 在筏式基礎內部要如何配置鋼筋呢？

A 如下圖，在基礎牆身的上下方、縱向上配置粗的D13鋼筋，在兩根D13
中間埋入D10，並且在橫向上埋入前端鉤狀彎曲的D10，下部以大彎曲
延伸到耐壓版，耐壓版則放入網狀排列的D10，其中一邊延伸到梁的地
方，並以L形彎曲和梁相接，使它不會和梁錯開。

 前面的單元曾說過，D13為直徑約13mm的竹節鋼筋（表面凹凸不平的
鋼筋），D10則為直徑約10mm的竹節鋼筋，在基礎牆身的上下方設置
兩根D13的粗鋼筋，這與基礎的基腳一樣（見R081），因為是主要的鋼
筋，所以稱為主筋。

耐壓版以埋入縱橫網狀排列的D10來強化。如果需要更強的耐壓版則可
以上下埋入兩層網狀排列的鋼筋。

網狀排列的鋼筋，會以一邊延伸出來和梁固定住，為了使其和梁的D10
纏繞在一起，而以L形彎曲的鋼筋來互相鉤住梁，這樣一來，鋼筋比較
不會錯開，耐壓版的鋼筋就可以和梁牢牢地固定住。

基礎牆身的D10縱筋也和梁纏繞固定住，並且延伸到耐壓版，使得基礎
牆身、梁、耐壓版一體化。橫向鋼筋、耐壓版的鋼筋間隔為200mm。

　　　基礎橫向鋼筋、耐壓版的鋼筋 → D10@200

這方法是將耐壓版、梁、基礎牆身以鋼筋完全纏繞住，相互形成一體的
配筋方式。

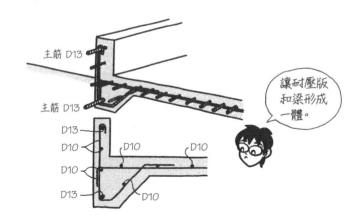

Q 在筏式基礎上，需要設置墊石嗎？

A 不需要。

短柱直接搭載在耐壓版的混凝土上，因為耐壓版比 **GL** 高約 **50mm**，所以不用擔心水會跑上來。又因為混凝土製的耐壓版可以直接承載短柱，不用擔心短柱會腐壞。

也就是說，在連續基礎中必要的墊石，在筏式基礎中則不需要設置。而在連續基礎的場合，如果有打上壓入混凝土時就不需要墊石。

將短柱固定在耐壓版或壓入混凝土上，是利用事前先在混凝土中埋入錨定螺栓，之後再使用鑽機開孔固定住，或使用混凝土釘來固定。

短柱是直接設立在混凝土製的耐壓版上。

短柱

Q 在立面圖上，基礎混凝土頂端的線和1FL的線是一樣的嗎？

A 不一樣。

FL是 **floor level** 的縮寫，指地板高，1FL就是一樓的地板高。同樣地，2FL就是指二樓的地板高，和GL一起記起來吧！

> GL → ground level：地盤面
> 1FL → 1st floor level：一樓地板高
> 2FL → 2nd floor level：二樓地板高

一樓地板是在基礎混凝土上鋪上地檻，再於其上設置地板格柵，然後鋪設板而成，也就是一樓的地板比基礎頂端還要高，高度為120（地檻）＋45（地板格柵）＋15（板）＝180mm左右，一般而言，一樓地板高為GL＋500mm左右，所以基礎頂端＝500－180＝320mm左右。

> 基礎頂端 → GL＋（300～400mm）左右

在初學者繪製的立面圖上，很多人會將1FL基礎頂端的線畫錯。露台落地窗的下方和一樓的FL是一致的，基礎頂端的線應該是比落地窗還要矮180mm左右，要注意落地窗的下端和基礎頂端的線是錯開的！

> 落地窗 → 和1FL一樣高
> 基礎頂端 → 比1FL還要低180mm左右

Q 為什麼要在地檻的外側裝上基礎排水金屬物件呢？

A 為了防止水從基礎和地檻間的空隙滲入室內，也作為外牆裝修材的終止邊緣。

🟦 基礎排水金屬物件是斷面為閃電形狀的細長金屬構件，又直接稱呼為排水金屬物件或排水，又因這個鋸齒狀的斷面而稱呼為閃電金屬物件。

這個裝置具有將滴下來的雨水傳到外牆，流到外側而不會進入室內的功用，如果沒有排水物件，雨水就有可能經由基礎和地檻間的空隙滲入室內。而裝置這個金屬物件，即使是水跑進內側，金屬物件突出的部分也可以擋住水，使其不再繼續流進室內。

在金屬物件突出的部分設計轉折的形狀，在颱風等強風吹襲下，可避免往上跑的水跑進室內。

在貓地檻的部分，地檻和基礎是分開的，中間有很大的空間，所以一定要有金屬排水物件，如果沒有使用排水物件，雨水就會吹進室內。

排水物件也有作為外牆裝修材終止邊緣的用途，終止邊緣就是讓材料的頂端部分看起來較美觀的細桿件，如此一來會使得外牆材料看起來較美觀，因此在地檻的外牆裝修材最下面一定要裝上排水物件。

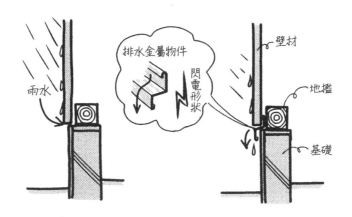

Q 柱子要設置在哪裡呢？

A 牆壁的角落。牆壁長超過1間以上，須設置中間柱，使柱間距小於1間。門或大窗戶的兩側都要配置柱子。

首先放置在牆壁的角落，不管是L形、T形或十字形的角落，若角落沒有配置柱子的話，牆壁和建築物整體的結構強度就會變弱。

木造建築的柱子基本上都會設置在牆壁裡，以1間（**1,820**、**1,818**、**1,800mm**等）的距離搭載在半間格網上，也有將空間獨立出來配置的情況，比方說在設計寬廣的房間時，一般6、8、12疊的房間裡，如果有柱子會很不方便，所以會把柱子收到牆壁裡。即使是把柱子設置在牆壁裡，也有像和室一樣，將柱子露出來的情況。

另外，因為門在開開關關的時候會產生力，所以門的兩側也必須要設置柱子。雖然用細間柱也可以支撐，但長期下來仍有脫離的可能。同樣地，在大窗戶的兩側、在露台上的窗戶（露台窗）兩側也一定要設置柱子！因為窗戶一般寬為1間左右，加上開關時的衝擊力道，若沒有設置柱子便容易壞掉。

下圖是**6**疊大房間的柱子配置範例。學生常會問：在哪裡設置柱子呢？也常常會和鋼筋混凝土造的柱子混淆，所以在這裡要好好記住木造建築柱子的配置方式！

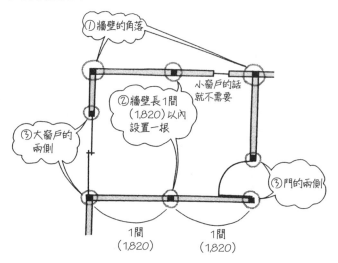

Q 在有寬1間的露台窗、寬1間的收納空間，4.5疊大的簡單平面上畫出柱子的配置。

A 下圖為一種配置範例。（有許多不同的配置範例）

4.5疊就是以1間半為邊長的正方形。

首先畫出半間（910、909、900mm）的格網，在牆壁裡設置柱子，柱子如前述説明的方式來配置，①牆壁的角，②牆壁長超過1間以上，須設置中間柱，使柱間距小於一間，③門、大窗戶的兩側。在下圖的例子中，周圍的牆壁總共要立十根柱子。

如圖面上方的牆壁（長1間半的牆壁），在網格上從右邊的柱子算起1間的地方設置柱子，在這個情況下，設置在右邊數來半間的格子上，或者是不管格子的限制，而設置在1間半的中間都是可以的。

從圖上可以很清楚的知道，在4.5疊大的空間中必須要十根柱子來支撐，為什麼需要這麼多根柱子呢？這是因為柱子很細小的緣故，如果是古代寺廟裡使用的粗大柱子，只需在四個角落設置柱子就好。但現代木造建築住宅中，常為了壓低價格而使用細小的柱子組裝，所以必須設置很多根柱子，同時為了防止牆壁會歪斜成平行四邊形，還需加入斜撐使牆壁更堅固。

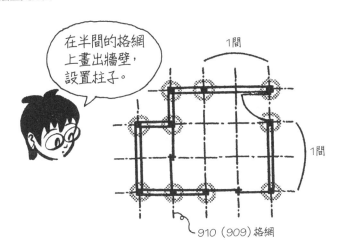

在半間的格網上畫出牆壁，設置柱子。

1間

1間

910（909）格網

Q 如何在比例尺 1/100 的平面圖上畫出柱子和牆壁？

A 牆壁為二根粗線，而柱子則以和牆壁等粗的線畫出正方形。

如左下圖，在柱子的二側釘上壁材是一般建造牆壁的方法，而由於牆壁的厚度包含壁材，所以應該比柱子的寬還要厚。

但實際繪製時就會發現，1/100 的平面圖是非常小的圖面，105mm 見方的柱子也只有 **1.05mm**。

若牆壁的厚度是120mm，1/100 就是 1.2mm，畫出 1.2mm 厚的牆壁後，再畫出尺寸稍小的 1.05mm 見方柱子是無意義的，所以就這樣依照牆壁的厚度來畫出柱子即可。

　　牆壁的厚度＝120mm → 1/100 的比例為 1.2mm

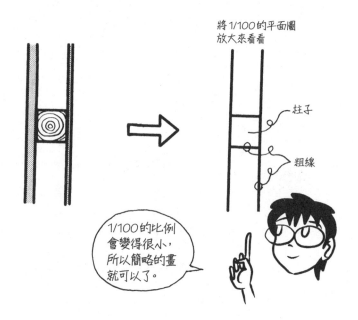

將 1/100 的平面圖
放大來看看

柱子

粗線

1/100 的比例
會變得很小，
所以簡略的畫
就可以了。

Q 什麼是層間柱？

A 在每個樓層接續的柱子。

從一樓通到最頂樓的柱子稱為直通柱，而在每個樓層接續的柱子則為層間柱。

層間柱 → 每個樓層高的柱子
直通柱 → 從一樓直接通到最頂樓的一根柱子

雖然直通柱在結構上的支撐能力會比較強，但如果全都使用直通柱，在費用以及平面設計上都是不可能的情況。所以設立層間柱，並於其上設置橫材，橫材的上方再設立層間柱，以這樣接續設立的方式是一般的建造作法。

Q 什麼是橫架材？

A 連接層間柱柱頭的橫材。

設立一樓的層間柱後，於其上安裝稱為橫架材的橫材，然後再設立二樓的層間柱，因為是由橫向直接插入來作為支撐，所以稱為橫架材。

　　一樓的層間柱 → 橫架材 → 二樓的層間柱

橫架材設置在外牆上端圍繞整個周圍，同樣在內部牆的上端也必須要設置橫架材，如果沒有橫架材的話，一樓柱子會搖搖晃晃的，導致無法設立二樓的柱子，在固定梁時也會有問題，也就是說，一樓的牆壁上全都要設置橫架材。

橫架材在間隔1間以內有設置柱子的情況下，斷面容許範圍為105～120mm見方的大小；而在1間寬以上的窗戶上有設置梁的時候，就需要更大的斷面。最好以120mm×210mm、120mm×270mm、120mm×300mm的木材在所有牆壁上環繞設置，是較堅固的結構。

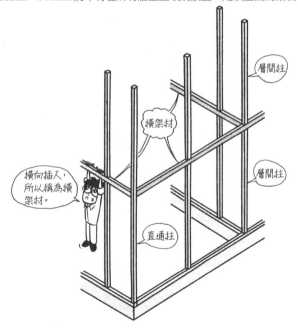

Q 什麼是簷桁條（日：軒桁）？

A 在屋頂屋簷的一側連接柱頭的橫材。

在二樓柱子頂端設置的橫材，不稱為橫架材而稱為簷桁條。平房結構的一樓，在屋簷上設置的橫材有支撐屋頂的功能，因而稱為簷桁條。

簷桁條也可稱為桁架，和桁架垂直相交方向上的橫材就是梁，但不是在牆壁上，而是只有在空間上架設的橫材才稱為梁。在木造建築中，和桁架垂直相交、連接柱頭部分的橫材也漸漸地被稱為梁。

> 屋簷側的橫材 → 簷桁條、桁架
> 和桁架垂直相交的橫材 → 梁

連接柱頭的橫材除了梁和桁架外，還有簷桁條。

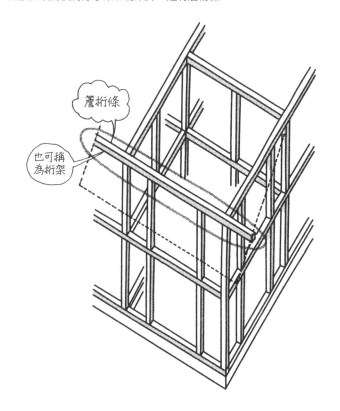

Q 矩計圖上，在屋簷側的壁芯上會畫出斷面的橫材為？

A 由下往上為地檻、橫架材、簷桁條。

矩計圖的矩是直角的意思，也就是計算直角方向的圖、計算高度方向的圖。在矩計圖上最重要的是地檻、橫架材、簷桁條等橫材的斷面尺寸和高度、作為橫方向上的主要結構材、在矩計圖上畫出構件斷面尺寸和所設置的位置，另外各部位的高度、加工等等，各式各樣的資料也都畫在圖上，只看矩計圖便可知道建築物的樣子。

一般是從窗戶的地方縱向切斷，畫出從側面可以看到的樣子。這個時候地檻、橫架材、簷桁條就會是切斷面，因為是結構材的斷面，輪廓用粗的斷面線來畫，而在內部則以細線加上符號╳，所以，先牢記在牆壁裡設置的重要橫材，地檻、橫架材、簷桁條的名稱吧！

　　　牆壁裡的橫材：地檻 → 橫架材 → 簷桁條

然而在矩計圖中的柱子不是斷面，而是可看到裡面的可見處，所以矩計圖就是可以看到橫材的斷面，柱子的可見處。

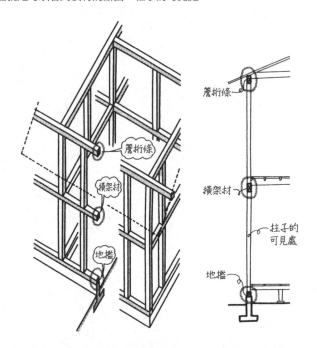

Q 地檻、橫架材、簷桁條的斷面尺寸為？

A 地檻：120mm×120mm
橫架材：120mm×120mm（120×150、120×180、120×210……）
簷桁條：120mm×120mm（120×150、120×180、120×210……）

請記住地檻、橫架材、簷桁條等橫材的最小尺寸為120mm見方，地檻
一般都為120mm見方。
為什麼橫架材、簷桁條需要這麼多不同的尺寸？這是因為它們會根據與
梁銜接的方式或梁的大小等因素而有所不同。若梁銜接在柱子的部分，
幾乎不需要使用大斷面的橫材；但當梁是銜接在柱子和柱子之間，特別
是在大窗戶上方，有銜接大梁時，就必須要使用粗大橫材，這是因為梁
的重量必須由橫材來支撐。
雖然橫架木、簷桁條最小的尺寸為120mm見方，但最好採用尺寸
120mm× 150mm或120mm ×210mm的木材，並在所有的牆壁上環繞
一圈是最堅固的結構。
在這裡複習一下柱子的尺寸吧！在普通的木造建築中，層間柱為
105mm見方，直通柱為120mm見方，在經費充裕的情況下，建議全部
的柱子都使用120mm見方。

層間柱 → 105 mm×105 mm
直通柱 → 120 mm×120 mm

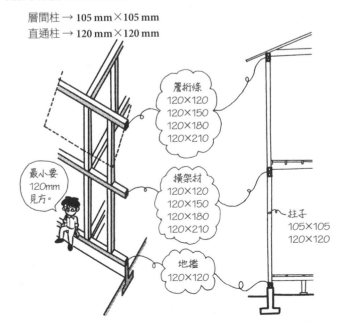

Q 柱子和橫材的橫向接合是如何固定的呢？

A 一般以榫接來固定。

如下圖，榫接就是在柱子的端點削一個突起的部位，而在橫材的地方則挖一個孔，讓柱子的前端可以插進這個孔來固定的橫向接合。突起的一方稱為榫頭，而被插入的孔則稱為榫孔，萬用的橫向接合被使用在木造建築的各部位。

柱子和地檻，柱子和橫架材，柱子和簷桁條等一般都是用榫接的方式來固定的，梁在和柱子銜接的地方，除了榫接之外還需要其他的橫向接合。

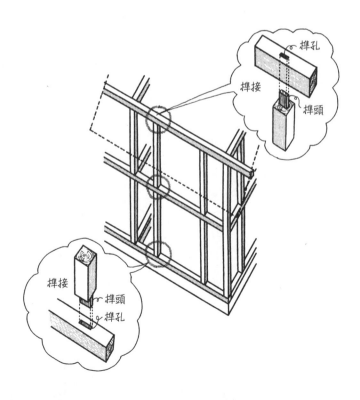

Q 什麼是扇形榫接？

A 榫頭斷面是扇形的榫頭。

角落的柱子和地檻橫向接合時，常常使用扇形榫接。讓地檻端外側的榫孔變窄一點，用來防止地檻的強度減弱，也就是為了使地檻端的斷面缺損少一點，而將榫頭做成扇形。

榫頭稱為公榫，榫孔則稱為母榫，順便把這個記下來吧！

　　榫頭 → 公榫
　　榫孔 → 母榫

是扇形斷面的榫頭喔！

扇形榫頭

為使地檻端不會損傷，而做得比較窄

Q 將層間柱固定在橫材上時使用的金屬扣件為？

A 使用山形鐵板、尺板鐵、T形的帶刺金屬扣件等。

柱子和橫材僅用榫接的話容易脫落，在**105mm**見方、**120mm**見方的柱子上沒有釘上金屬扣件的話是很危險的。

帶刺金屬扣件有L形和T形，固定角落的柱子時會使用L形的帶刺金屬扣件等。

符合財團法人日本住宅木材技術中心標準的金屬扣件會加上特殊記號，在梁柱構架式工法的金屬扣件上加上Z-MARK，在2×4工法的金屬扣件上則是加上C-MARK。

梁柱構架式工法的金屬扣件 → Z-MARK
2×4工法的金屬扣件 → C-MARK

山形鐵板

尺板鐵

帶刺金屬扣件

在細小軟弱的梁柱上釘上金屬扣件較為安心。

短冊
（細長薄木）

注：短冊為細長的薄木板，常用來寫字等。在此是指像是短冊般的金屬扣件，也就是尺板鐵。

Q 什麼是金屬抗拉拔支座扣件？

A 將柱子直接固定在基礎上的金屬器具。

柱子一般是固定在地檻上，地檻則是以錨定螺栓固定在混凝土製的基礎上，但是柱子和基礎並沒有直接以金屬扣件結合。

由於在阪神大地震中發生很多直通柱脫落倒塌的例子，所以震災過後改成在直通柱上使用金屬抗拉拔支座。

事前先在基礎裡埋入直徑 **16mm**（**M16**）的錨定螺栓，以錨定螺栓固定金屬扣件，這個金屬抗拉拔支座再以三根螺栓固定柱子，就變成直通柱直接搭載在基礎上，不用擔心會從基礎上脫落了。

金屬抗拉拔支座有 **hold down**（柱腳栓釘）的用意，也就是往下壓固定的意思，柱子就是被螺栓拉往下壓住，將其拉往基礎固定住。

在圖中，金屬抗拉拔支座被設置在與地檻有點距離的位置，這是因為在角落常常會設置斜撐，所以以這個方式來防止斜撐和金屬扣件相互阻礙。

Q 什麼是彎折金屬扣件？（日：矩折れ金物）

A 折曲成直角的金屬扣件。

🧊 矩是畫直角或方形用的曲尺，彎折金屬扣件就是被折曲成直角的金屬扣件，用在補強直通柱和橫材上，在兩物件相接的外側平面上釘上彎折金屬扣件。像是捲入般的方式釘上金屬扣件。

帶刺金屬扣件為L形、T形的平坦的金屬扣件，很容易和彎曲金屬扣件混淆，要多多注意！

　　彎折金屬扣件 → 折曲成直角的金屬扣件
　　帶刺金屬扣件 → L形、T形的平坦金屬扣件

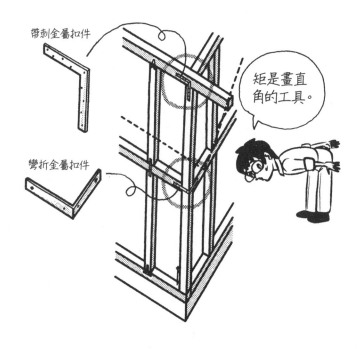

帶刺金屬扣件

彎折金屬扣件

矩是畫直角的工具。

Q 什麼是魚尾板螺栓（夾板螺絲）？

A 魚尾形狀的螺栓。

經常使用於固定垂直相交的材料，如梁以橫向接合的方式榫接在簷桁條
上後（見**R176**），再以魚尾板螺栓使其相互緊結不脫落。

用兩個螺絲穿過魚尾板上板部位的孔，將其安裝在梁上，而魚尾板的前
端部分則使用直徑**12mm**（**M12**）的螺栓，穿過簷桁條到另一端以螺絲
帽將其固定住，魚尾板螺栓也會使用於將二樓的層間柱固定在橫架材上
的時機。

當螺栓或螺絲帽突出簷桁條外，會影響外部裝潢時，處理簷桁條上突出
的螺栓部分，會以稍微挖掉一些木材的方式，讓螺栓的頭可以藏在簷桁
條內側。

　　魚尾板螺栓 → 使垂直相交的木材相互緊結的螺栓

魚尾板螺栓

羽子板形狀
的螺栓喔！

注：魚尾板螺栓的日文為羽子板ボルト，羽子
　　板是日本女孩子在過年時會玩的遊戲中所
　　使用的道具，類似羽毛球拍。

Q 什麼是斜撐鐵板？

A 用來把斜撐固定在柱子和橫材上的金屬扣件。

斜撐是為了避免由柱子和橫材組成的平行四邊形框崩壞而斜向放入的角材，常用的尺寸為45mm×90mm，也就是將90mm×90mm的柱材分兩半的斷面形狀。

　　　斜撐 → 45mm×90mm

以前斜撐是只以長釘子固定在柱子或地檻等上面，雖然對抗壓力的能力很強，但若受到張力影響便容易脫落，斜撐鐵板就是為了補強這個缺點的物件。

如下圖所示，斜撐鐵板是一個長方形切掉角落部分的平坦金屬扣件。切掉角落是為了使其不會和帶刺金屬扣件、魚尾板螺栓等其他金屬扣件相碰，而為了對應斜撐的各種角度，在斜撐鐵板上有許多釘孔，大的孔是用來釘螺栓的。

斜撐鐵板一般是固定在外側，但如右上圖所示，也有部分固定在內側的金屬扣件，在這個情況下，因為釘子是從上方釘入橫材，如果受到張力影響很容易會脫落，不比從外面固定的強度高。

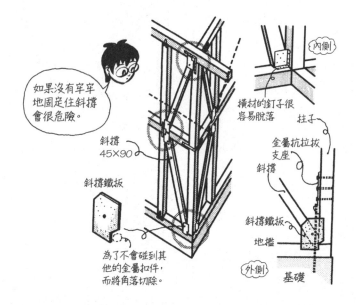

如果沒有牢牢地固定住斜撐會很危險。

斜撐
45×90

斜撐鐵板

為了不會碰到其他的金屬扣件，而將角落切除。

內側

橫材的釘子很容易脫落

柱子

金屬抗拉拔支座

斜撐

斜撐鐵板

地檻

外側

基礎

Q 什麼是斜撐的對角線交叉？

A 以╳形狀置入的斜撐。

把45mm×90mm的斜撐以對角線交叉的方式置入牆壁裡做為補強，其支撐力會變成一根斜撐的兩倍。

把和服的袖子捲起來時，使用繩子斜向十字形的綁法就稱為對角線交叉，相對於對角線交叉，只有一根的斜撐就稱為單斜撐。

在建築基準法中，對於木造建築牆壁耐震性的等級訂定為壁倍率，壁倍率為表示牆壁或斜撐可負擔的水平力大小指標。

置入45mm×90mm的一根單斜撐時，壁倍率為二倍，而置入45mm×90mm的斜向交叉斜撐的時候，壁倍率就變成四倍。

　　45mm×90mm的單斜撐 → 壁倍率＝2倍
　　45mm×90mm的對角線交叉斜撐 → 壁倍率＝2×2＝4倍

以對角線交叉的方式設置，強度會倍增！

對角線交叉

Q 承重牆在平面上的配置為？

A 以在位置和方向上取得平衡的方式來設置。

承重牆就是安裝了斜撐或結構用合板，用來抵抗水平力的牆壁，沒有斜撐或結構用合板的牆壁就不是承重牆。

梁的方向稱為梁間方向，桁架的方向稱為桁行方向，一般而言短邊的一方為梁間方向，長邊則為桁行方向。

承重牆必須在梁間方向和桁行方向上平衡配置，如果只在某一方配置的話會有危險，因此，在位置上、方向上取得平衡的配置是重點，特別是在角落容易集中應力，所以要以承重牆來補強才安全，設置角落窗戶的時候，窗戶兩側的牆壁就一定要堅固。

在建築基準法中有規定壁量，是簡易的結構計算。分別加總計算承重牆在各方向上的長度，規定這個長度要在一定的量以上，而牆壁的長度是以實際的長度乘上壁倍率，根據承重牆的效能會有不同倍率。必要壁量是以建築物的面積或牆壁的面積等來決定的，要注意在這算式中，只以整體的牆壁長度來計算，而不管位置等其他因素。

x方向的（牆壁的長度 × 壁倍率）合計≧必要壁量
y方向的（牆壁的長度 × 壁倍率）合計≧必要壁量

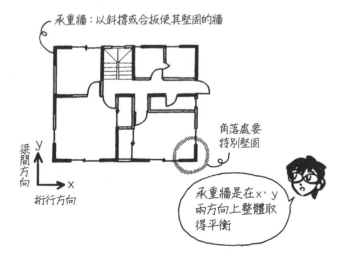

承重牆：以斜撐或合板使其堅固的牆

角落處要
特別堅固

梁間方向 y

x

桁行方向

承重牆是在x、y
兩方向上整體取
得平衡

Q 當南側為東西方向的長邊時，需要注意的地方？

A 要避免南側的承重牆變少的情況。

如下圖，當南側的採光為最大採光時，牆壁會變少，而只有南側牆壁的強度減弱時，這裡就會成為結構上的弱點。當地震或颱風對建築物施橫向的力，會使南側壁面變成平行四邊形，建築物因此扭曲變形。

而且，在長邊牆壁壁體減少，又以瓦片搭建成屋頂較重的建築物，建築物在抵抗地震時的強度會變弱，所以早期有長邊的住家都必須要非常注意地震！

針對這個問題，在南邊的牆上也必須要好好配置承重牆的平衡！把窗戶變小是不得已的情形。而在重視南面採光的時候，會將斜撐以露出的方式來配置，並在其外側加框以美化。另外，為了避免露出的斜撐看起來過於粗糙，有時會以**9mm**左右的鋼筋來作為此處的斜撐，但這個情況下的鋼筋只在張力方向上才有作用。

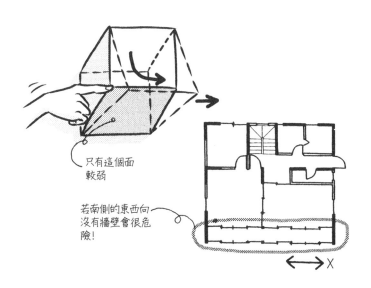

只有這個面較弱

若南側的東西向沒有牆壁會很危險！

⟷X

Q 在二樓主要牆壁的下方（一樓）一定要有牆壁嗎？

A 原則上是必要的。

 在二樓牆壁的下方基本上一定要有牆壁，這樣一來，二樓的牆壁才能由一樓的牆壁來支撐。

如果小牆壁下方沒有牆壁，僅用梁支撐即可；但如果是被柱子環繞的大牆壁下方沒有牆壁，重量會無法順利地被傳遞下來，而且如果承重牆的下方是空間，會產生結構上的問題。

很多平面設計都是以一樓為LDK，二樓為寢室的方式來處理。在這個情況下，一樓會是寬廣的房間，接著便會出現二樓個別房間的牆壁下方沒有建造牆壁的情況，這個時候在LDK裡加入小小的牆壁作為補強即可。如果考慮結構的問題的話，在二樓設置寬廣的LDK，而下方為並排的狹小房間是較為堅固的設計。在都市型的住宅中，可以試著將日照佳的二樓設計為較寬廣、挑高的起居室，不管在結構上或居住使用上都是合理的設計方式。

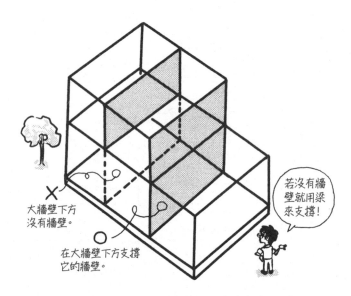

大牆壁下方
沒有牆壁。

在大牆壁下方支撐
它的牆壁。

若沒有牆
壁就用梁
來支撐！

注：LDK就是在一個房間裡同時包含客廳（Living）、餐廳（Dining）
　　和廚房（Kitchen）。3LDK則是指三間房和LDK。

Q 在二樓承重牆的下方一定要有承重牆嗎？

A 一定要有。

在承重牆的下方若沒有承重牆，如左下圖所示，橫架材承受了極大的向下的力，很可能會因此折斷，即使二樓沒有毀壞，一樓必定會毀壞！

在牆壁的下方原則上是要有牆壁的，而在承重牆的下方則是絕對要設置承重牆。上下方的承重牆形成一體，才能發揮其功用。

舉個上方堅固、下方軟弱的結構為例，在Piloti的停車場上方建造房間的時候，在一樓只有柱子，而在二樓則有許多堅固牆壁的情況，在一樓的柱子上會有應力集中而容易斷裂的狀況。也就是頭（屋頂）太重太胖（二樓堅固）、腿和腰卻軟弱（一樓軟弱）的結構很容易倒塌。

相反地，若一樓承重牆上方沒有承重牆時又會怎麼樣呢？下方堅固、上方軟弱的情況，比起只在上方堅固的建築物，較不用擔心它會倒塌毀壞。

承重牆

承重牆

堅固

危險

在承重牆的下方沒有承重牆會很危險！

注：Pilotis（法語）在建築用語中是指二樓以上的建築物，而地上物只剩下柱子（結構材）的建築形式，或是指這樣的結構體。在法語中，Pilotis是「樁」的意思。

Q 在二樓柱子的下方一定要有柱子嗎?

A 原則上是必要的,但如果只是部分沒有也沒關係。

像在牆壁下方一定要有牆壁一樣,原則上在柱子下方也要設置柱子。但是可以容許部分沒有設置柱子的狀況,改以橫架材或梁等橫材來支撐上方的柱子。

不過如果太極端地將下方的柱子去除的話,橫材的負擔會加大,結構也會變得較弱。主要的牆壁和柱子在上下層的設置要一致,而較小的牆壁或柱子若省略部分是允許的。

承重牆 → 上下層絕對要一致
大牆壁 → 上下層要一致
小牆壁 → 上下層不一致也可以
柱子 → 上下層要一致,但部分不一致也可以

以橫材
來支撐

部分柱子下方如果沒有設置柱子的話是允許的。

Q 什麼是間柱？

A 設置在柱子和柱子之間，用來支撐牆壁，約 **45mm×105mm** 的角材。

因為是設置在柱子和柱子之間，所以稱為間柱。雖然稱為間柱，但不像柱子那麼粗，又因為是 **45mm×105mm** 或 **35mm×105mm** 左右的角材，所以不具支撐力。間柱是用來支撐壁板，使其不凹陷或毀壞的木材，以 **455mm** 的間隔來設立，因為間隔如果太長，牆壁可能會彎曲陷入。

一般是設立柱子和間柱之後，在它們兩側鋪設板子做為牆壁。塗裝牆等也是先裝設板子等材料後，再於其上施作粉刷工程。

柱子和間柱是用來支撐兩側壁板的桿材，而牆壁的內部則為空心，外部牆壁會在這個空間裡埋入隔熱材等材料，在內部牆壁上則是保持空心。

柱子 → **105mm×105mm、120mm×120mm**
間柱 → **45mm×105mm、30mm×105mm**

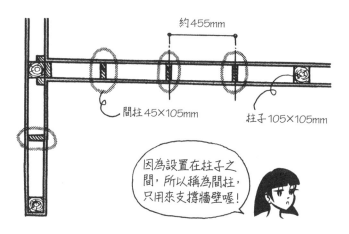

Q 在比例尺1/100、1/50的平面圖上,要如何標示間柱?

A 1/100的平面圖上會省略間柱,而1/50的平面圖上,在斷面的中間畫上一條細斜線來表示間柱。

厚度為120mm的牆壁,在1/100的平面圖上就只有1.2mm。在這個縮尺的圖面上可省略對結構影響較不重要的間柱,而以一條粗線標示牆壁,柱子則是以一樣粗的斷面線在牆壁裡畫出正方形來標示柱子。

1/50的平面圖上則可以畫出更細部的東西,壁板的厚度也可以用雙線來標示,柱子則在壁板的中間畫出正方形柱子的斷面,並以細線在正方形內畫╳表示為結構材,而在1/50平面圖上的間柱很小、很難畫╳,所以只畫一個細斜線就好,根據不同的比例,即使將間柱省略不畫,工匠們都看得懂。

結構材 → ╳
間柱 → 斜線

即使在1/50的圖上,間柱還是很小,所以也有僅以一條線來標示的簡略方式。

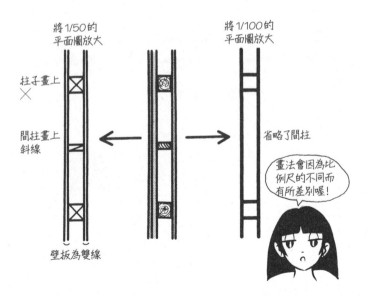

將1/50的
平面圖放大

將1/100的
平面圖放大

柱子畫上
╳

間柱畫上
斜線

省略了間柱

壁板為雙線

畫法會因為比例尺的不同而有所差別喔!

Q 若斜撐和間柱相互交叉，要在哪一個材料上挖缺口？

A 將間柱挖缺口，讓斜撐通過並接合。

斜撐是重要的結構材，用來防止柱子和橫材組成的框不至於崩毀成平行四邊形。如果將斜撐挖出缺口，地震來時就很可能會被折斷，而斜撐如果被折斷時，建築物就會倒塌毀壞。

另一方面，間柱只是為了固定牆壁而設置的輔助材，不用來支撐重量、也不用來抵抗地震力。

在設置斜撐的地方一定會有和間柱互相交叉的情況，而在這個時候就以斜撐為主，將間柱的一側挖出缺口來解決。因為間柱只用來支撐壁板，只需以釘子固定在斜撐或上下方的地檻、橫架材、簷桁條等橫材上就好。

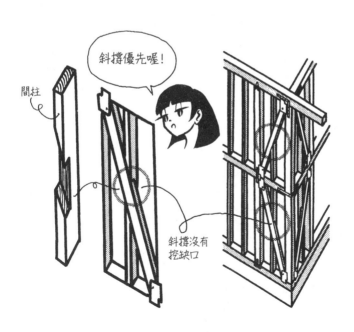

間柱

斜撐優先喔！

斜撐沒有挖缺口

Q 什麼是地板格柵？

A 並排在地板下方的桿件。

在吃完的便當盒上並排筷子，然後蓋上薄薄的蓋子，如此並排放置後，即使在薄蓋子上放置物品也不會凹陷下去，這個就是地板格柵的原理。同樣地，在木造建築裡，如果只有地板的話，加上重量時很容易就會壞掉，所以在地板下面並排桿件作為補強。而這個讓地板更堅固，在地板下方以等間隔並排的桿件就稱為地板格柵。

支撐地板材料的桿件就是地板格柵。

Q 地板格柵的斷面尺寸和設置的間隔為？

A 45mm×45mm（45mm見方）、40mm×45mm的大小，以303mm的間隔來設置。

地板格柵的斷面為45mm×45mm（45mm見方）左右，是用單手就可以握住的角材；有時也會使用40mm×45mm的地板格柵，並以45mm的長邊為縱方向。

一般的間隔為303mm左右，但是在和室等較少放置家具的空間中，可以用455mm的間隔來設置地板格柵；而在擺放鋼琴或大型書架等重物的地方，則會用比303mm密集的間隔距離來設置地板格柵。

將45mm的角材以303mm間隔距離並排的標示方式為45×45@303。記住地板格柵為45×45@303。

一樓的地板格柵 → 45×45@303

雖然在圖面上標示@303，但實際上在工地現場並不會以303mm的間隔來排列，在工地現場時會先測量房間的長度，再以幾等分為較接近303mm的數值來進行工程。

是單手就可以握住的角材。

間隔

地板格柵45×45@303

303

5

一樓地板組

Q 什麼是封頭格柵（日：際根太）？

A 設置在地板的端點部位、牆壁的邊際上的格柵。

因為是設置在地板邊際、牆壁邊際的格柵，所以稱為封頭格柵。和其他的格柵一樣使用45mm×45mm或40mm×45mm的部材，把封頭格柵稱作格柵也沒有錯，只是封頭格柵在格柵中又擔任重要的任務，所以另外稱為封頭格柵。

在初學者所畫的斷面圖上，常常會忘記畫封頭格柵。如果沒有封頭格柵，地板便會扭曲。在靠牆的地方常常會擺放衣櫃或書櫃等較重的家具、也須承受牆壁的重量，如果省略掉此處的格柵，地板就會壞掉！

不過即使忘記在圖面上畫封頭格柵，工地現場的工匠們也應該會自行設置，因為沒有設置封頭格柵，地板工程便會無法順利進行。

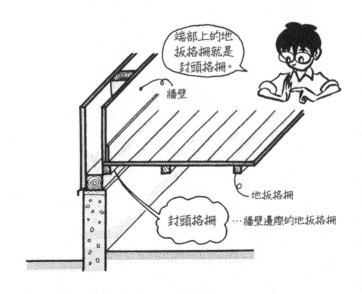

端部上的地板格柵就是封頭格柵。

牆壁

地板格柵

封頭格柵　…牆壁邊際的地板格柵

R126 地板格柵　單元4

Q 為什麼即使房間的寬是303mm的倍數，地板格柵的間隔也不會剛好是303mm？

A 因為地檻或封頭格柵等的寬度，使得地板格柵可以被分割的寬變小。

即使圖面上寫著地板格柵為45×45@303，實際上地板格柵的間隔也不會剛剛好是303mm，因為房間的寬是303的倍數，地檻的寬120mm或封頭格柵的寬45mm，都會使得整個房間的寬更狹窄一點。

試想，若要在軸線尺寸（見R016）為909mm的房間裡配置地板格柵，即使二牆中心線相隔909mm，地檻有120mm的寬，左右兩邊分別減掉60mm的話，就變成909 － 2×60＝789mm，在寬789mm的兩側設置45mm見方的封頭格柵的話，封頭格柵間的軸線尺寸則為789 － 2×22.5＝744mm。

744÷303＝2.455，不能用303整除，這時會把744分成三等分，以248mm為間隔距離來配置地板格柵，取二等分的372mm為間隔也能支撐地板，現在是以909mm的狹窄例子來計算，而在六個、八個塌塌米等大小的空間中，地板格柵的分割也是用同樣的方式來配置。

而在地檻上搭載地板格柵時，還要減掉柱子或間柱的寬度。精細的尺寸會在現場作調整，而分割地板格柵和分割樓梯的方法有所不同，不需要完全以一模一樣的間隔來分割，所以即使圖面上是寫著@303，它與將牆壁的軸線尺寸、地檻或封頭格柵等部材的寬所計算進來的尺寸仍會有點差異。

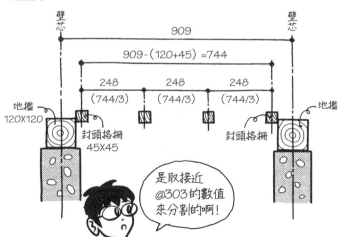

是取接近@303的數值來分割的啊！

Q 和地板格柵垂直相交方向、平行方向上的斷面圖會是如何表示？

A 在和地板格柵垂直的方向上，會看到地板格柵並排的斷面圖，而和地板格柵平行的方向上地板格柵就變成可見處。

 因為是並排地板格柵切斷面的斷面圖，在和地板格柵垂直的方向上切割的時候，就變成很容易了解的斷面圖（下圖A）。

用粗斷面線來畫切斷部分的輪廓線，會在這個斷面上加上斜線來表示。若是柱子或地檻等粗大材，則畫上╳，作為記號的斜線或╳是用細線來畫。在1/10左右的大圖面上，有時也會在結構材的斷面上畫上年輪。

和地板格柵平行方向上的斷面圖（下圖B），就只看得到地板格柵較裡面的部分，這個就稱為可見處，可見處的輪廓線是用細線來畫。

> 和地板格柵垂直方向上的斷面 → 切斷面的形狀 → 粗斷面線、細的
> ╳或斜線
> 和地板格柵平行方向上的斷面 → 可見處的形狀 → 細的可見處線

斷面和可見處的線之粗細、強弱分別，在作圖上是非常重要的。在初學者的圖面上，常常沒有加上強弱分別，為了避免無法分辨斷面和可見處的差別，在畫斷面和可見處時要多注意其差別。

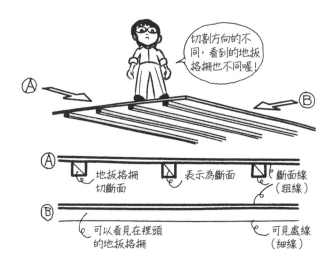

Q 地板格柵如何固定在地檻上呢？

A 搭載在地檻上固定住。或者在地檻上挖格柵缺口，地板格柵也稍微的挖出缺口，使其與地檻咬合固定，又或者有地板格柵完全不搭載在地檻上的方法。

地板格柵直接搭載在地檻上，地板格柵上層面的高度就變成：

地板格柵上層面高度＝基礎上層面高度＋120mm（地檻高度）＋45mm（地板格柵高度）＝基礎上層面高度＋165mm

因為是在地板格柵上鋪設板，若想要將一樓的地板高壓低時，可以在地檻上挖格柵缺口，地板格柵也挖小缺口，若地板格柵往下咬合20mm，實質上地板格柵的高度就只剩下25mm，所以，

地板格柵上層面高度＝基礎上層面高度＋120mm（地檻高度）＋25mm（地板格柵實際高度）＝基礎上層面高度＋145mm

當在地檻上方有柱子或間柱的時候，有可能發生地板格柵無法搭載在地檻上的情況，這時就必須要想想別的方法。

Q 什麼是墊頭梁？

A 用來掛載地板格柵端部，約 **30mm×90mm** 的角材。

雖然也有將地板格柵搭載在地檻上的情況，但若要直接搭載得比地檻低或高，又不要阻礙到柱子或間柱，就會釘上墊頭梁。

將 **30mm×90mm** 的角材用釘子釘在地檻或柱子上，再於其上搭載地板格柵，因為是承受地板格柵的部材，所以也稱為墊頭梁，墊頭梁通常是指 **2×4** 工法裡用來支撐地板格柵的鐵件，但也會有將該處的墊頭梁稱為格柵墊條的狀況。

> 墊頭梁 → 在地板格柵下方的承受材……和地板格柵垂直相交
> 封頭格柵 → 牆壁邊緣的地板格柵……和地板格柵平行

在初學者所繪的矩計圖上，常常會有沒畫墊頭梁和封頭格柵或者混用的情形，所以要注意！

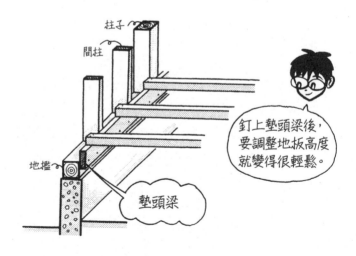

柱子

間柱

地檻

墊頭梁

釘上墊頭梁後，
要調整地板高度
就變得很輕鬆。

Q 1. 牆壁邊際的地板格柵稱為什麼？
　　2. 支撐地板格柵端點的材料稱為什麼？

A 1. 封頭格柵。
　　2. 墊頭梁。

再複習一次封頭格柵跟墊頭梁吧！封頭格柵、墊頭梁是初學者最容易忘記和混用的部分，用下面的圖來幫助理解，順便牢牢地記住喔！

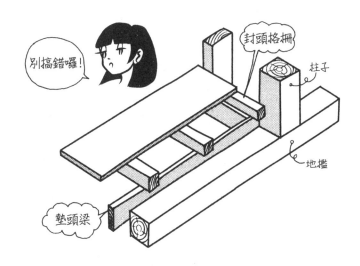

Q 什麼是地板梁？

A 用來支撐地板格柵，約90mm×90mm的角材，以約910mm的間隔距離來配置。

若45mm見方的細地板格柵僅從地檻跨到另一地檻上，很快就會彎曲，在此以910mm（半間）左右的間隔放入粗角材，從下方支撐細地板格柵，而這個粗大角材就稱為地板梁。

地板梁一般使用90mm×90mm的角材，雖然90mm的角材對於柱材來說算是細的，但仍是不用兩隻手會無法握緊的粗度，有時也會看到用105mm×105mm的地板梁。

將地板格柵等跨架的尺寸稱為跨距，也就是將橫材架起來，跨越過多長的尺寸就是跨距。在這裡，地板梁的間隔就是地板格柵的跨距。

地板梁的間隔為半間左右，當建築物的基準尺寸為910mm時，就以910mm為間隔（@910）、而基本尺寸為909mm時，就以909mm為間隔（@909）。

地板梁 → 90×90@910

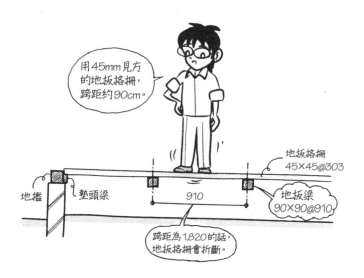

Q 在畫斷面圖時，若改變切割方向，地板格柵和地板梁會如何改變？

A 看到地板格柵的切斷面時（下圖**A**）就會看到地板梁的可見處，而看到地板梁的切斷面時（下圖**B**），則會看到地板格柵的可見處。

因為地板格柵與地板梁垂直相交，若一方是切斷面的話，另外一方就會是可見處。切斷面的輪廓用斷面線（粗線）來畫，記號則用細線來畫，在地板格柵的切斷面上為斜線，地板梁的切斷面上則為╳。在可以看到內部的可見處時，輪廓線也以可見處線（細線）來畫。
切割部分的粗線和可見處的細線，繪製時請用輪廓分明的粗細（強弱）區別。在初學者的圖面上常常發生無法區別粗細的情況，斷面使用粗線、可見處使用細線之區別，要牢牢地記住喔！

　　切斷面 → 粗的斷面線、細的斜線（地板格柵）、細的╳（地板梁）
　　可見處 → 細的可見處線

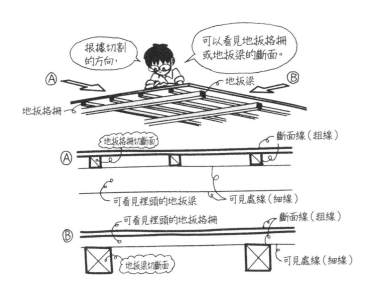

143

Q 如何支撐地板梁呢？

A 從地板梁的下方，以約910mm（半間）的間隔設立短柱來支撐。

 短柱是與90mm×90mm地板梁相同尺寸的柱材，因為地板梁是以間距910mm並排，所以短柱就變成以910mm的正方形格網狀排列。

間距910mm是根據建築物整體的基準尺寸而來的，另外也有間距909或900mm。

如果短柱就這樣直接設立在土壤上，會因為承受重量而沉陷，同時也容易腐爛。而為了不使其發生這些狀況，會將短柱設立在稱為墊石的混凝土塊（200mm×200mm×200mm）上。在筏式基礎中，因為耐壓版是用混凝土建造的，所以可以直接在耐壓版上面設立短柱。

　　地板格柵 → 45×45@303
　　地板梁 → 90×90@910
　　短柱 → 90×90@910
　　墊石 → 200mm×200mm×200mm

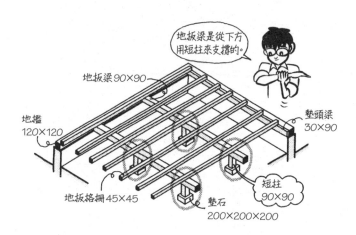

地板梁是從下方用短柱來支撐的。

地板梁90×90

地檻 120×120

墊頭梁 30×90

地板格柵45×45

墊石 200×200×200

短柱 90×90

Q 什麼是鋼製短柱？

A 用鋼製成、可微調整高度的短柱成品。

 木頭製的短柱為90mm×90mm的角材，決定高度後裁切，之後便無法再調整高度。而鋼製短柱成品是將螺絲安裝在裡面，只要旋轉螺絲帽就可將高度微調。在最初先決定大概的高度後，將高度鎖定，再以螺絲來微調的構造。

鋼是在熟鐵裡加入碳元素使強度增強的材料，在鋼製短柱上為了防止鏽蝕會在表面加以鍍鋅。

在成品中也有塑膠製的短柱。在公寓裡，要從混凝土地面將地板抬起等場合中，常常會使用塑膠柱或鋼製柱，在木造住宅中也變得較常使用短柱成品。

在使用成品短柱的情況下，也是以910mm（半間）左右的間隔來支撐地板梁，另外，也是和木製的短柱一樣設立在墊石或耐壓版上。

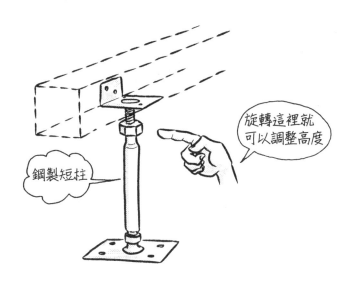

旋轉這裡就可以調整高度

鋼製短柱

Q 什麼是地板加勁材？

A 用來將短柱和短柱固定住，而釘上約 **15mm×90mm** 的角材。

用扁平的角材（日：貫）穿過柱子中間，連接柱子和柱子以防止柱子翻轉（倒塌）的構造便叫加勁材，這在以前的木造建築中經常使用。早期柱子的貫是在柱子開一個洞，讓貫通過其中，但此施工不易，運用在短柱的時候，可以直從旁邊釘上安裝就好，所以稱為地板加勁材。

地板加勁材是安裝在和地板梁垂直相交的方向上。在地板梁方向上，因為地板梁是固定在短柱的頂部，所以幾乎不用擔心短柱會震動或者是翻轉，而和地板梁垂直相交的方向上就要擔心短柱可能會翻轉。另外在長柱的情況下，兩方向上都要加入地板加勁材來作為補強。

是用來防止短柱翻轉喔！

地板加勁材
15×90

和地板梁垂直相交的方向

Q 為何使用平腳螞蝗釘來固定地板梁和短柱呢？

A 是為了使其相互不會分離。

 平腳螞蝗釘就是像下圖的U形釘子，從橫方向上釘入地板梁和短柱兩者，使其相互不會分離。

平腳螞蝗釘的長度和地板梁的高度一樣為**90mm**，直徑則為**9mm**左右，斷面有三角形、圓形等。斷面為三角形的螞蝗釘打到木頭的內部，可以更牢牢地固定住。

短柱通常是切成平坦的，但是有時候也會為了不和地板梁錯開，而將榫頭削切成凹凸不平。

為了避免部材互相分離，常常會使用平腳螞蝗釘。柱子接在地檻上的時候，以前也常常使用平腳螞蝗釘，而最近為了使其較不會分離，會使用金屬抗拉拔支座扣件和錨定螺栓。

在日本有句諺語：「孩子是夫妻的連心鎖」，是指夫妻間有了孩子便很難分離，也是從這個金屬扣件而來。

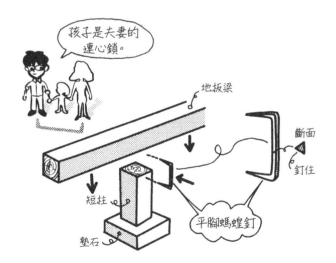

Q 寬1間×長2間（1.8m×3.6m）的一樓走廊地板組表現方式為？

A 如下圖上方所示，地板梁埋入走廊下中央的長方向上，而地板格柵則與其垂直相交的置入。

 為了讓計算簡化，設定1間等於1.8m。因為地板梁是粗大木材，所以盡量少用地板梁的思考模式來設置地板組。如下圖下方所示，在短方向上以半間間隔放入三根地板梁的話，三根等於1.8m×3 = 5.4m，所以要有約5.4m長的地板梁，就變成比放入長方向上的3.6m還要長。

將地板梁埋入房間的長方向上是常規。因為將其放在長方向上，地板梁的總長度會比較短，地板格柵是比地板梁還要便宜的角材，所以先決定設置地板梁的方向。

畫上地板格柵、地板梁、地檻的平面圖簡稱為樓板結構圖。若是一樓的地板，就稱為一樓樓板結構圖。也就是說，把一樓的地板掀起，以俯瞰的角度看到下方的結構圖，就是一樓樓板結構圖。在樓板結構圖中也會把短柱（×）、柱子（下圖省略）、錨定螺栓（下圖省略）等畫進去。

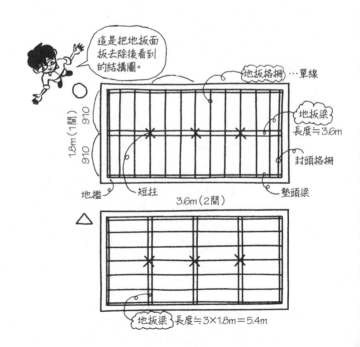

Q 在一樓為六疊的房間裡（2.7m×3.6m），地板組的表現方式為？

A 如下圖，在長方向上通過二根地板梁，和地板梁垂直相交的地板格柵則以303mm的間隔埋入。

 將地板梁埋入長方向上，地板梁的總長度為2根×3.6m = 7.2m，而若在短方向上埋入地板梁的話為3根×2.7m = 8.1m，比放在長方向上還要稍微長了一點。雖然埋在短方向上也沒有錯，但是一般會設置在可以使地板梁短一點的方向上。

地板格柵的間隔一般為303mm，而在和室中，地板格柵的間隔會變成450mm，這是因為榻榻米的房間的正中央不會擺放大型家具。

若在910mm的格網上搭載，將其三等分畫上地板格柵的話，只有在地檻一側的地板格柵和封頭格柵的間隔會變得比較狹小，那是因為在房間的角落上常常會放置家具。

雖然圖面上是這樣畫，但在工地現場有時也會調整間隔，使其剛好以等間隔的方式來配置地板格柵。在這個情況下，地板格柵變成會從910mm的位置上錯開，這時候畫在圖面上很麻煩，所以直接將地板格柵畫在910mm的格網上，就變成在短柱的符號×處通過地板格柵。

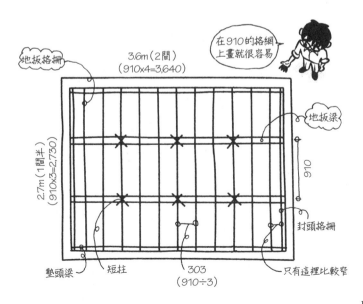

Q 在一樓為 **4疊半**的房間裡（**2.7m×2.7m**），地板組的表現方式為？

A 如下圖，通過二根地板梁（縱向或橫向設置都可以），而和地板梁垂直相交的地板格柵以 **303mm** 的間隔放入。

因為 **4疊半**是一個正方形，所以地板梁埋入哪個方向都會一樣長。地板梁的方向與地板格柵的方向幾乎都只依據經濟考量來決定。

也有將稱為走廊地板的薄板連接起來成為地板的方法，當這個走廊地板沒有鋪底的板時，地板格柵和走廊地板就必須要垂直相交，在這個時候就要以地板格柵的方向為優先，而不是地板梁的方向。

在 **8疊**的房間中，因為是 **3.6m×3.6m**，所以地板梁以哪個方向設置都一樣。

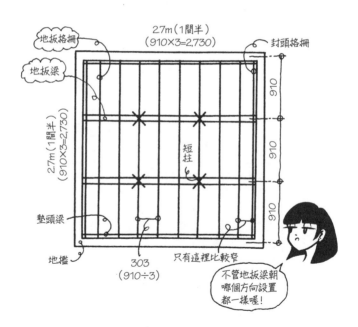

Q 如何將隅撐地檻固定在地檻上呢？

A 以斜嵌接合來固定。

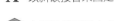 水平隅撐是以交角45度置入，使垂直相交的部材可以維持直角，功能為補強用的斜材。而隅撐地檻就是指設置在地檻上的水平隅撐。

隅撐地檻使用90mm×90mm左右的部材，以直徑12mm左右的螺栓固定住。雖然也有將30mm×90mm的部材用釘子固定住的例子，但如此一來維持面剛性的能力會變得相當軟弱，不建議這樣施工。

嵌入就是將木材整個斷面埋入其他部材裡（每根木材直接插入）。而斜就是傾斜的意思，就是指將木材的前端斜向插入。

所以斜嵌就是將前端傾斜、將木材整個斷面直接插入的橫向接口。使用斜嵌接合後，地檻和隅撐地檻就變成一體化，地檻的直角就變得較難崩壞。

橫向接合就是部材和部材以某個角度相交接合的部分，一般為90度的接合，但在隅撐的時候為45度的接合。

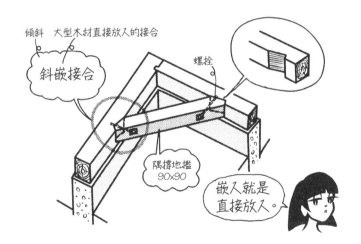

傾斜　大型木材直接放入的接合

斜嵌接合

螺栓

隅撐地檻
90×90

嵌入就是
直接放入。

Q 地檻的縱向接合為？

A 鳩尾（雁尾）榫接。

縱向接合就是部材在軸方向上相互連接的接合部位。有角度的接合部位為橫向接口，而在軸方向上的接合部位就是縱向接合。

　　縱向接合 → 軸方向上的接合部位
　　橫向接合 → 有角度的接合部位

鳩尾就是前端擴大的梯形榫頭，榫頭就是削除部材的前端，使其可以置入另一個部材的部分，也因為像鳩鳥的三角形尾巴，所以被稱為鳩尾或雁尾。以鳩尾來連接的話，在軸方向上怎麼拉張都不會脫落。

鳩尾榫接在日文裡稱「腰掛けあり継ぎ」，意即椅子，指的是在相接的兩個部材以相反的方式切削，讓一方像是靠坐在另一方上的連接方式。將搭載在上方的部分以錨定螺栓拴緊，往下壓住下方的基礎，這樣一來下方的部材就不會往上浮起。

因為擁有受壓力不會脫落、也不會向上浮起的優點，所以在地檻的縱向接合上通常都是使用鳩尾榫接。

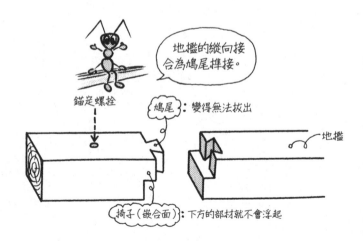

注：日本是將鳩尾看作像螞蟻（あり）的頭，而「腰掛け」是椅子的意思，所以圖左上側才畫了一隻螞蟻坐著。

Q 什麼是蛇首榫接？

A 如下圖，使用在地檻等地方的縱向接合。

地檻的縱向接合通常使用鳩尾榫接，但是也有使用蛇首榫接的時候，蛇首榫接是加工更精密，技術更高的方法。

榫頭的形狀為鳩尾，和蛇首不同，鳩尾是以斜的梯形擴展，而蛇首是以直角的方式擴展。在拉張的方向上，蛇首榫接較容易卡住，而就較難會被拉開。

也有四方蛇首榫接這種有趣的縱向接合。在柱子的四個面上都可以看到一樣的蛇首，從這個形狀而來稱為公榫和母榫，若使用在夫妻寢室的柱子上就會有恩賜孩子的傳說。另外還有類似的東西，就是四方鳩尾榫接。

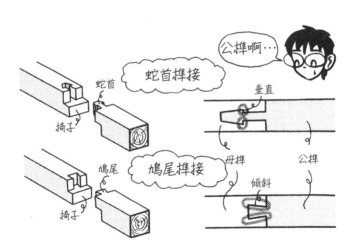

Q 縱向接合和橫向接合的相異之處為？

A 縱向接合為直線狀的接合部位，橫向接合則為有角度的接合部位。

 這個是木造建築的基本用語，要好好記住喔！

在梁柱構架式工法中，木匠們可是對橫向接口、縱向接口充滿了熱情，因為這個部分是否能漂亮接合，大大地影響著建築物的完成。縱向接合、橫向接合是經過幾百年的時間，無數的木匠們反覆嘗試後而得到的技藝，完全不需要金屬扣件就可乾淨俐落地將木材和木材作成一體化的技術。

在2×4工法中是以金屬扣件來完工的，而梁柱構架式工法中則是以許多的縱向接合、橫向接合的方式來傳達。最近也有以機器事前先將縱向接合和橫向接合切削好（**precut**）的情形，但是機器削出來的形狀也是參考自以前的縱向接合和橫向接合。

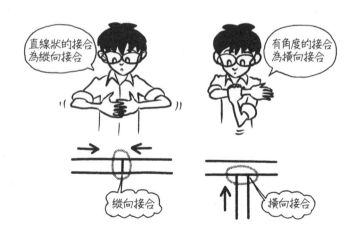

Q 使用在二樓地板的地板格柵，其粗細和放置的間隔距離為？

A 為45mm×105mm左右的粗度，並以303mm（300mm）的間隔來放置。

一樓的地板格柵為45×45@303，二樓的地板格柵為45×105@303。
@是間隔的記號，@303就是以303為間隔距離的意思。雖然間隔的距離
一樣，但地板格柵的粗細卻差很多。
45mm×45mm的角材用單手就可以輕易的握住，但45mm×105mm的
角材用單手拿會覺得非常重。在二樓所使用的地板格柵，是使用約柱子
斷面一半的角材，首先先記住地板格柵的粗細和間隔吧！

　　一樓地板格柵 → 45×45@303
　　二樓地板格柵 → 45×105@303

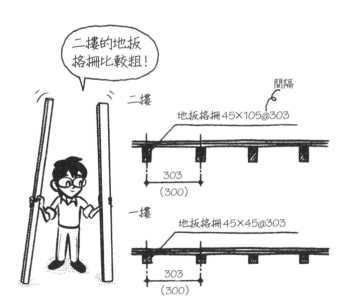

6

二樓地板組

Q 為什麼二樓的地板格柵比一樓的地板格柵還要粗呢？

A 因為二樓地板格柵的跨距比較長。

在二樓房間地板下的地板格柵是用梁來支撐的。因為房間的中央沒有設立柱子，所以架設梁來支撐地板格柵。梁是粗大木材，價錢較高，所以通常盡量設置少一點。一般梁的間隔距離為1間，所以地板格柵的跨距也就是1間。1間長的跨距對45mm×45mm的細木材來說是無法支承的，所以必須要使用45mm×105mm的粗大木材。

另一方面，在一樓房間的地板下，因為是土壤，所以可以設立短柱，也由於是在地板下，設立很多短柱也不會有任何妨礙。用短柱來支撐地板梁，再於其上掛載地板格柵。地板梁是便宜的部材，可以半間的間隔來設置，跨距為半間長的話，地板格柵為45mm×45mm就可以支承。

二樓地板格柵的跨距為1間，所以需要粗大木材。如果梁以半間的距離並排的話，就可以使用45mm×45mm的地板格柵，但這樣一來材料費用就會增加。雖然地板格柵很便宜，但是梁很貴。

　　二樓 → 地板格柵的跨距＝1間 → 45mm×105mm
　　一樓 → 地板格柵的跨距＝半間 → 45mm×45mm

因為沒有設立短柱，而架在梁上！

下方是空間，以梁來支撐

1間

因為跨距長而需要粗格柵

Q 在畫二樓斷面圖時，若改變切割方向，地板格柵和梁要如何表示？

A 如下圖，以和地板格柵垂直的方向切割時（下圖**A**），地板格柵的切斷面會是並排的，梁則是可見處的部分，如果以和地板格柵平行的方向切割（下圖**B**），地板格柵就為可見處，梁就是切斷面。

斷面圖就是從某個平面切斷後看到的圖，看得到切斷面裡的部分稱為可見處。被切斷的材料輪廓線以粗線來畫，而裡面看得到的部分則以細線來畫。在地板格柵或梁的切斷面上，為了可以清楚的知道其為結構材，而用細線在地板格柵上加上斜線，梁則是加上╳。

若想將斷面和可見處清楚的區分開來，繪製時以粗細來分別是很重要的。在初學者的圖面上，常常沒辦法區別斷面和可見處，即使在腦中覺得已經瞭解了，但實際畫圖時還是會畫成一樣粗的線。所以初學者要先想像立體的畫面，並在潛意識下加上強弱分別來畫。

　切斷面 → 粗的斷面線
　可見處 → 細的可見處線

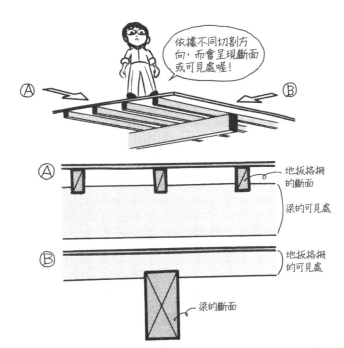

依據不同切割方向，而會呈現斷面或可見處喔！

Ⓐ　　地板格柵的斷面

　　　梁的可見處

Ⓑ　　地板格柵的可見處

　　　梁的斷面

Q 跨距為2間（3,600mm），1間半（2,700mm）時，梁的尺寸為？

A 分別約為120mm×300mm、120mm×210mm。

梁以間隔1間（1,800mm）並排的話，就使用120mm×300mm、120mm×210mm的木材。梁高（梁的高度）約為跨距的1/12，梁的大小會因為梁並排的間隔疏密而改變，一般以1間為間隔距離來並排。
這樣大小的粗大木材為需要二人才能拿起來的重量，在上梁的時候大多會使用起重機。

跨距為2間（3,600mm）→ 梁：120mm×300mm
跨距為1間半（2,700mm）→ 梁：120mm×210mm

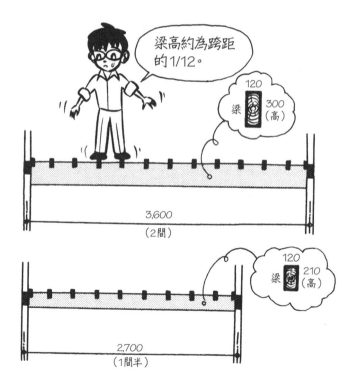

Q 寬1間×長2間（1.8m×3.6m）的二樓走廊地板組為？

A 如下圖，在短邊的方向上，用45mm×105mm的地板格柵，以303mm的間隔跨距。

45mm×105mm的地板格柵可以跨越1間長，當跨距不超過1間的時候，正確的方法就是不須要設置梁，直接將地板格柵並排。

在一樓使用45mm×45mm的地板格柵，也可以組成地板，但是45mm×45mm只能跨過半間的跨距，跨過比半間還長的跨距時，地板格柵會折斷。因此需要在半間的位置上加上梁來支撐，而因為這個梁的跨距為2間，所以必須要用120mm×300mm的粗大木材，也就是說，為了用45mm×45mm的細地板格柵，反而要用120mm×300mm的粗大木材，這是較不符合經濟效益的，所以還是使用45mm×105mm，可跨過1間長的地板格柵較為合理。

45mm×105mm → 跨距1間
45mm×45mm → 跨距半間

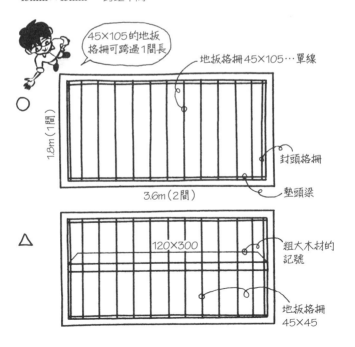

45×105的地板格柵可跨過1間長

地板格柵45×105…單線

1.8m（1間）

3.6m（2間）

封頭格柵

墊頭梁

120×300

粗大木材的記號

地板格柵45×45

Q 在二樓6疊大的房間（2.7m×3.6m）中的地板組為？

A 如下圖，在3.6m的中央架上120mm×210mm的梁，而和其垂直相交以303mm的間隔設置45mm×105mm的地板格柵。

 若要節省工程費用，以較小的梁來完工是一種必要的選擇。為了使用較小的梁，而把梁架在跨距較短的一方。

　　短跨距 → 以較小的梁來完工

梁搭載在3.6m的跨距上時，需要120mm×300mm的木材，所以把梁架在短邊2.7m的一方。因為跨距為2.7m時，就只需要120mm×210mm的木材。
如果在3.6m的中央架設梁，地板格柵的跨距剛好為1.8m，是1間長，用45mm×105mm的地板格柵即可跨過。
只要常練習梁的架設方法，不用看數表就可以知道如何設置，所以不用死記梁的架設方式。

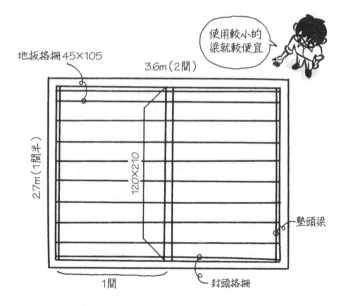

Q 在二樓4疊半（2.7m×2.7m）的地板組為？

A 如下圖，以一根120mm×210mm的梁跨過，而和梁垂直相交的方向上，以303mm的間隔設置45mm×105mm的地板格柵。

120mm×210mm的梁架設在中央或是半間格網上（距離牆壁半間的位置）都可以。

因為梁也可搭載於橫架木上，所以架設在中央也可，但是最好還是直接搭載在柱子上比較好，重量可以直接傳到柱子上，而橫架材等橫材就不需要承受多餘的力。因為柱子常常會放置在半間格網上，所以可參照下圖來設置。

不管是用何種方法來架設梁，地板格柵的跨距都在1間（1.8m）以內，所以用45mm×105mm的地板格柵就足夠支撐了。如果只有考慮地板格柵，把梁放在中央可以使地板格柵的跨距較短，地板格柵本身就較不容易扭曲變形。

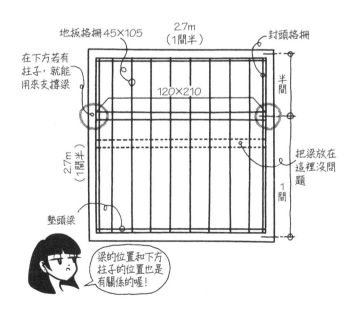

Q 面積8疊（3.6m×3.6m）的一樓、二樓地板組為？

A 見下圖。

把本單元作為複習，來畫看看8疊的一樓樓板結構圖、二樓樓板結構圖吧！第一眼看到這個圖會覺得很複雜，但是一邊思考一邊畫，會發現其實可以很簡單的畫出來！

設想柱子的位置，樓下的柱子用符號×、而該層的柱子則整個塗黑（或以粗的斷面線）來標示。柱子為105mm×105mm，也把120mm×120mm的直通柱擺進去，直通柱則以符號○來標示。

接著畫上水平隅撐，一樓的水平隅撐稱為隅撐地檻，二樓的水平隅撐則稱為水平隅撐，是用來建立地板面剛性而設置的90mm見方（或105mm見方）角材。

一樓的地板格柵用45mm×45mm的木材、跨距為半間，二樓的地板格柵則用45mm×105mm的部材、跨距為1間，並在一樓以半間的間隔距離放入90mm×90mm的地板梁，二樓則在中央放入120mm×300mm的梁。

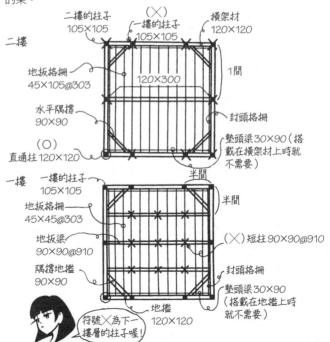

Q 什麼是組地板？

A 在大梁的上面搭載小梁，再於其上並排地板格柵的方法。

比方說在**5.4m×5.4m**（3間×3間）時，可以考慮用下圖的方法：大梁架在中央，再於上方以1間的間隔搭載小梁，也就是將梁以二段的方式組裝，這是在跨距過大的房間中研究出來的地板組方法。

只用地板格柵組裝地板的方法稱為格柵地板或單地板，而在梁上架地板格柵的方法稱為梁地板或複地板，將梁以二段組成的方法則稱為組地板。

　　只有地板格柵 → 格柵地板、單地板
　　地板格柵＋梁 → 梁地板、複地版
　　地板格柵＋小梁＋大梁 → 組地板

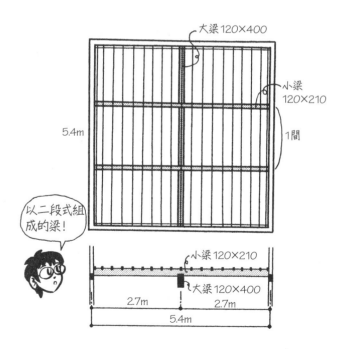

Q 如何固定二樓的地板格柵和梁？

A 如下圖，使用勾齒搭接等的橫向接合來固定。

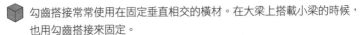 勾齒搭接常常使用在固定垂直相交的橫材。在大梁上搭載小梁的時候，也用勾齒搭接來固定。

如下圖，將二個材料相互鑲嵌來固定上面材料的橫向接合。跨過下方的材料，勾住牙齒，所以被稱為勾齒搭接。

接續地板格柵的時候，在梁的中央連接，以勾齒搭接將地板格柵鑲嵌入梁中，在上面釘釘子牢牢地固定，將兩個橫材形成一體化。

梁彎曲的時候，下方承受張力（伸長），上方則承受壓力（縮短），若在梁的下方挖缺口比較危險，在上方挖缺口的話，在某種程度下還允許，並且因為地板格柵是剛剛好完全鑲嵌進梁的缺口中，所以在結構上是堅固的。

以勾齒搭接的方式固定地板格柵的話，就不用擔心地板格柵會在橫方向上傾斜（錯動），如果沒有使用橫向接口，地板格柵直接搭載在梁的上方只以釘子固定，則地板格柵很有可能會翻轉，這個時候為了不讓地板格柵產生翻轉的情形，而需另外設置與地板格柵垂直相交的材料。

以勾齒搭接來接續的話，地板格柵會稍稍往下沉，而這個部分，可用天花板內部的尺寸來抑止其變低。

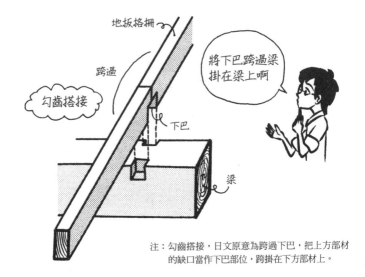

注：勾齒搭接，日文原意為跨過下巴，把上方部材的缺口當作下巴部位，跨掛在下方部材上。

Q 如何將二樓的梁固定在柱子上？

A 使用斜嵌榫接等的橫向接合，並以U形鐵螺栓固定之。

斜，意指材料的斷面是斜的，將柱子切成斜面，在此架上梁，是讓梁不會脫落的辦法。

這個時候，為了讓梁不會橫向錯開而使用榫接，接著因避免被拔開而裝上U形鐵螺栓，也可以在橫架材上裝上魚尾板螺栓固定之。

如下圖，雖然只在柱子上加梁，但在遇到層間柱的情況時，會將橫架材和柱子一起挖洞斜嵌接合。

梁以這樣種方式固定在柱子上為最佳的方法，但也有沒有柱子的情形（在窗戶上方），要盡可能地避免在窗戶等部位上方設置梁，即使是增加柱子的數量，梁與柱子相接仍是較安全的方法。

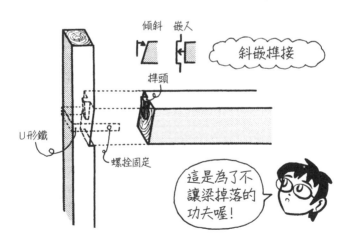

Q 如何將二樓的梁搭載並固定在橫架材上？

A 如下圖，以滑齒搭接等橫向接合來固定，並用尺板鐵等物件來補強。

只用齒搭接也可以搭載，但在梁的內側方向上容易被拔開，所以這裡設計滑坡，滑坡就是朝外側傾斜的形狀，因為是向外側滑出的力，對於內側就較難被拔開。

有時為了增加被拔開的難度，也會在滑齒的前端使用鳩尾的形狀（倒梯形），從上方榫接後，鳩尾的形狀就可以防止被拔開。

在一樓層間柱上設置橫架材，再於其上設置梁，接著往上設置二樓時，也使用這樣的橫向接合，如此一來就不是搭載在柱子上，而是搭載在橫架材上。

因為是搭載於橫架材上固定，所以沒有柱子的地方也可以設置梁，但會增加橫架材負擔，這時就得在橫架材下方加上補強材料。而窗戶上等沒有柱子但有設置梁的地方，就以滑齒搭載在橫架材上固定之。

橫架材的上端和梁的上端要一致時，就以金屬扣件來連接固定。

　　　搭載在橫架材上 → 滑齒搭接
　　　與橫架材橫向搭載 → 金屬扣件
　　　搭在柱子上 → 斜嵌榫接

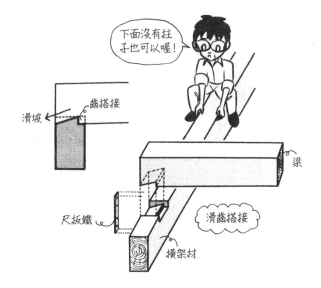

下面沒有柱子也可以喔！

齒搭接

滑坡

梁

尺板鐵

滑齒搭接

橫架材

Q 在層間柱＋橫架材上，如何從橫方向上固定梁？

A 如下圖，以斜嵌榫接等橫向接合來固定，並用U形鐵螺栓來栓住。

這情況和將梁固定在柱子上是一樣的，將橫架材和層間柱一起斜向切削，並在此處架上梁，而為了防止梁會拔開脫落，採用U形鐵螺栓栓住。為了固定一樓和二樓的層間柱，橫架材的橫向接合變得相當複雜，在上下方各挖榫孔，再插入榫頭。

這個作法是將梁橫向加載在柱子上，以柱子為主的方法。

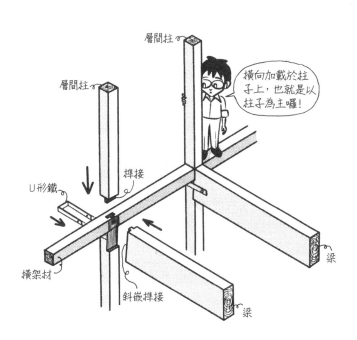

層間柱

層間柱

榫接

U形鐵

橫向加載於柱子上，也就是以柱子為主囉！

橫架材

斜嵌榫接

梁

梁

Q 如何固定搭載於層間柱＋橫架材上方的梁？

A 如下圖，在橫架材上方以滑齒搭接等的橫向接合來固定梁，二樓的層間柱則以扇形榫頭固定在梁的上方，再用長的尺板鐵來作為補強。

 因為梁搭載在橫架材上，所以上方的柱子就必須固定在梁上，相較於普通的榫頭，扇形榫頭較不會損傷梁的前端，因為扇子往前端變小的形狀會讓洞變小，梁的斷面缺損也就會變小，這個方法是梁比柱子優先的組合方式。以梁為優先或是如前一單元以柱子優先的方法，是根據不同的狀況來選擇的。

另外還有在梁的上方設置橫材（稱為台輪），再於其上設置柱子的方式。在下圖中，梁的上端雖然為平坦的，但實際上為了以勾齒搭接來組裝地板格柵，梁的上方會有切削的缺口。

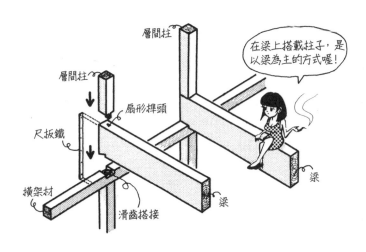

Q 什麼是反腳螞蝗釘？

A 如下圖，為了不讓垂直相交的木材錯開分離而釘上扭曲的螞蝗釘。

一般的平腳螞蝗釘為 U 形的金屬扣件，但反腳螞蝗釘是扭轉成直角的。
在連接高度位置錯開的垂直相交木材時（梁和橫架材、小梁和大梁），
最適合使用扭轉成直角的反腳螞蝗釘。
固定大型木材時，在木材兩側釘上反腳螞蝗釘，固定於兩側時，反腳螞
蝗釘的扭轉方向是相反的，而反腳螞蝗釘又分為朝右扭轉和朝左扭轉。

　　平腳螞蝗釘 → 地板梁－短柱等
　　反腳螞蝗釘 → 梁－橫架材、小梁－大梁等

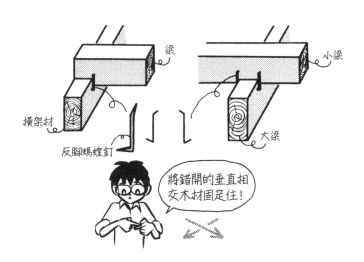

Q 如何讓小梁和橫架材的上層面一致、固定？

A 如下圖，以嵌入鳩尾搭接等橫向接合來固定，並用魚尾板螺栓來補強。

 當大梁搭載在橫架材上時，橫架材和梁的上層面會產生段差，因為這是搭載於橫材上方的橫材，所以也沒有辦法。但是在小木材的情形時，根據木匠功夫的好壞，也可以將所有橫材平整的固定。嵌入就是依照木材的斷面大小直接埋入的橫向接合，而只有嵌入的話容易被拔開脫落，所以加上鳩尾搭接，鳩尾就是形狀像鳩鳥尾巴的梯形榫頭。

因為是從上方搭接，所以稱為嵌入鳩尾搭接，但也有從上方埋入的，所以也稱為嵌入鳩尾埋入。

若使用嵌入鳩尾搭接的橫向接合，小梁和橫架木的上層面就會是平坦的，如果是平坦的話就可以直接在上面釘上板子，並釘上水平隅撐來增加面剛性。另外也會使用2×4工法裡的搭接梁金屬扣件等，製造T形的橫向接合使上層面一致。

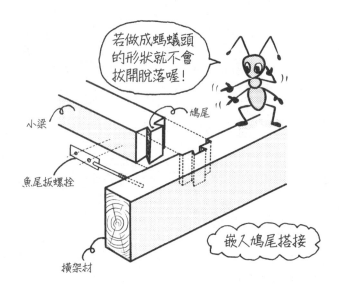

Q 縱切型的連接梁金屬扣件是什麼？

A 如下圖，梁承接在柱子上的時候，在梁的端部縱切，並於其中插入固定用的金屬扣件。

各式各樣的連接梁金屬扣件被開發出來，而縱切型則是在強度上較受信賴的一種。因為梁的斷面缺損只有小小的縱切部分而已。

這個金屬扣件從上方看是一個T形，首先以螺栓固定在柱子上，再將T形前端刃的部分插入梁的縱切部，再從橫方向上插入軸釘。

從橫向插入的軸釘也稱為漂流軸釘，是具有強度的金屬製軸釘，以軸釘固定就能使梁不會脫落。

除了T形外，也有U形的連接梁金屬扣件，U形是以兩片刀刃插入梁裡。縱切型的金屬扣件為連接梁金屬扣件，也開發出用來將柱子固定在基礎上的柱腳金屬扣件等。

使用連接梁金屬扣件和大型的集成材（組合而成的木材）的柱梁，是可以組成像鋼骨結構建築的框架結構。框架結構就是可以只用橫向接合來確保柱子和梁接合部分的直角，而不需要隅撐等材料的結構。在一般的木造建築中，因為部材很細而無法做到，但若使用大斷面集成材，並搭配縱切型金屬扣件則是可行的。

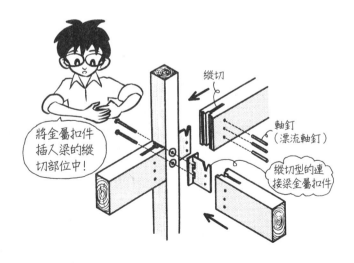

將金屬扣件插入梁的縱切部位中！

縱切

軸釘（漂流軸釘）

縱切型的連接梁金屬扣件

Q 如何支撐二樓的陽台？

A 如下圖，將粗大的地板格柵以橫材（橫架材和台輪）夾住，地板格柵延伸到裡頭，搭接在梁的下方。

其實有各式各樣的支撐方法，但這裡僅介紹以地板格柵支撐的方法。因為支撐陽台的地板格柵為懸臂梁（**cantilever**），所以需要使用稍微粗一點，約 **60mm×180mm** 的角材。

　　二樓地板格柵 → **45×105@303**
　　陽台地板格柵 → **60×180@303**

將橫架材做低一點，並在上面掛載陽台的地板格柵，而因為橫架材做得比較低，還需要一個橫材來搭載二樓地板格柵和設立柱子，而且為了壓住陽台的地板格柵，也需要另一個橫材搭載在陽台地板格柵的上方，這個東西就稱為台輪。

陽台的地板較二樓地板低是為了不讓雨水跑進二樓地板裡，在畫簡單的斷面圖時，要將陽台的地板畫在二樓地板下方 **100mm** 左右。

台輪在最近的木造建築中有被省略的傾向，但在以往的木造建築中，除了陽台之外，台輪也會用在其他地方，像是鋪設在衣櫃或洗手台一樣的箱型家具下方，類似踢腳板的部分。

建造陽台時，經常使用將粗大梁以橫架材和台輪夾住懸空建造的方式。

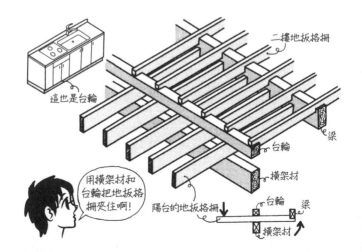

Q 什麼是椽木？

A 並排在屋頂板下方的角材

由於直接放置屋頂版的強度不夠，所以在屋頂板下方並排桿件。在屋頂的斜向方向上設置桿件（椽木）是很普通的。

並排在地板下方的桿件稱為地板格柵，但並排在屋頂板下的桿件則稱為椽木，雖然使用幾乎相同的材料，但依據裝置部位的不同，稱呼也就有所不同。

　　地板下的桿件 → 地板格柵
　　屋頂板下的桿件 → 椽木

屋頂的椽木是類似地板格柵的東西。

椽木

Q 屋簷突出半間（910mm）左右時的屋頂上，椽木的大小和間隔為？

A 約45×105@455、45×60@455

@是表示間隔的符號，@455就是以半間的一半（455mm）為間隔並排的意思。

地板格柵一般是@303（在和室有時會使用@455），所以椽木是採用比地板格柵寬的間隔。因為屋頂和地板不同，不需要搭載人或家具，所以椽木的間隔可以大一點，當然若以@303較密的間隔來並排，屋頂就會更加的堅固！

45mm×105mm是在二樓的地板格柵中經常使用的角材，記住椽木和二樓的地板格柵是使用一樣的角材！

45mm×60mm的角材在屋簷突出半間左右也可以支承，屋簷就是比牆壁還要突出在外側的屋頂部分。

　　一樓地板格柵 → 45×45@303
　　二樓地板格柵 → 45×105@303
　　椽木 → 45×105@455、45×60@455

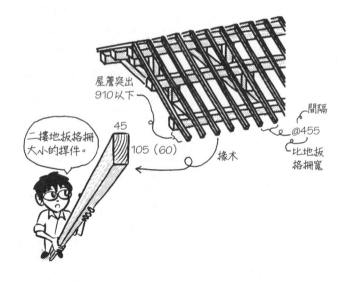

屋簷突出
910以下

間隔
@455
比地板
格柵寬

椽木

45
105（60）

二樓地板格柵
大小的捍件。

Q 承載椽木的橫材的間隔為？

A 一般為半間（910mm）以下。

 一樓的地板組用地板格柵支承時，地板梁以半間的間距並排，屋頂的軸組（屋架組）也和此類似，承受椽木的橫材以半間間距並排。

如果是45mm×105mm的椽木，橫材間隔為1間也可以，但若是45mm×60mm的椽木時，間隔如果沒有在半間以下就無法支承。一般都是先並排間隔半間以下的橫材，再在其上並排椽木，先記住這個簡略的組裝方式吧！

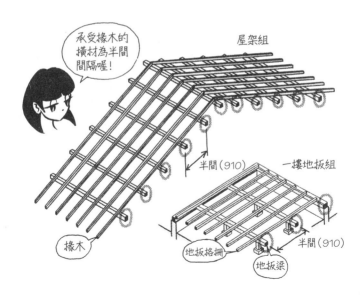

承受椽木的橫材為半間間隔喔！

屋架組

半間（910）

一樓地板組

椽木

地板格柵

半間（910）

地板梁

Q 支撐椽木的橫材為？

A 脊木、簷桁條、桁條。

屋頂面交叉的稜線部分稱為屋脊，用山來做比喻的話，山稜線就等於是屋脊。

架設在屋頂稜線上的橫材稱為脊木，組裝木材後，最後架上的就是脊木，上梁就是指這個時候進行的儀式，在日文裡也稱為上棟。

屋簷就是突出牆壁外的屋頂部分，如果沒有屋簷，雨水就很容易進入屋內，日照或雨淋也容易使牆壁受傷，因此在木造建築中，屋簷可是肩負非常重要的任務。

而掛載在屋簷與牆壁間的橫材就稱為簷桁條，在木造建築中是非常重要的木材！

在脊木和簷桁條中間放入的橫材則稱為桁條，桁條是只用來承受椽木、稍微粗一點的木材。所以先記住脊木、簷桁條、桁條的位置和名稱吧！

　　承受椽木的橫材 → 脊木、簷桁條、桁條

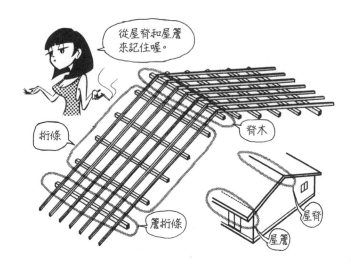

Q 什麼是扭型鐵件？

A 如下圖，用來將椽木固定在桁條或簷桁條等橫材上的金屬扣件。

如字面的意思，是扭轉平坦金屬板的金屬扣件。在椽木和橫材的交點上用釘子打上扭型鐵件，由於椽木和橫材是垂直相交的，所以必須要扭轉金屬扣件才能夠固定。

在橫材上會有用來放置椽木所挖的溝，稱為椽木缺口。將椽木放入椽木缺口後，用扭型鐵件牢牢地固定住，也有從斜方向上釘入釘子來固定的方式，但使用金屬扣件固定較為堅固。

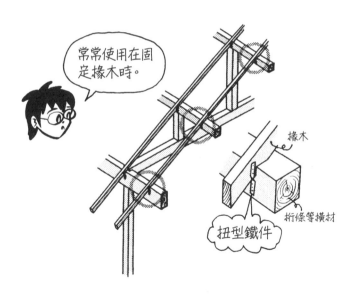

常常使用在固定椽木時。

椽木

桁條等橫材

扭型鐵件

Q 脊木、桁條的粗細為？

A 105mm×105mm左右。

105mm×105mm是和柱子一樣粗的角材，有時也會只有在脊木上使用120mm×120mm的角材。

一樓地板組的地板梁一般使用90mm×90mm，脊木、桁條都比地板梁還要粗很多，這是因為脊木、桁條的跨距比地板梁的跨距還要長的關係。關於脊木、桁條的跨距在後面會説明。

> 脊木、桁條 → 105mm×105mm
> 地板梁 → 90mm×90mm

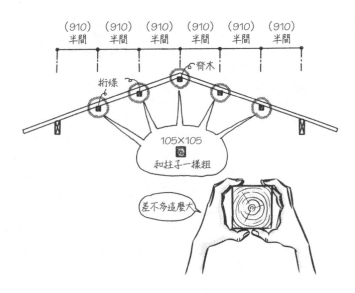

Q 為什麼簷桁條比脊木或桁條還要粗呢？

A 為了承接粗的屋架梁和承接外牆頂部的緣故。

承受屋架梁的方法有很多種，而根據不同的承受方式，簷桁條的粗細也會有所不同。

　　簷桁條＋屋架梁＋柱子 → 各式各樣的組合方式

細 的 簷 桁 條 會 使 用 105mm×105mm 的 角 材，但 一 般 最 好 是 使 用 120mm×120mm，其他還會使用 120mm×150mm、120mm×180mm、120mm×210mm、120mm×240mm、120mm×300mm 等尺寸的角材。簷桁條的寬比柱子的寬還要稍微多一點，而高度則有不同的尺寸，甚至也有比梁高還高的尺寸。

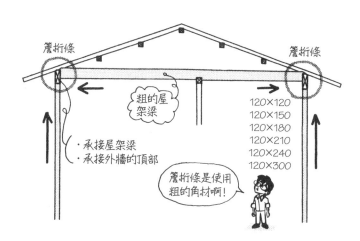

Q 什麼是屋架柱？

A 支撐脊木、桁條的短柱。

屋頂的軸組稱為屋架組，而屋架柱指的是在屋頂軸組上使用的短柱。

　　屋頂的軸組→屋架

脊木或桁條為了建立屋頂的坡度，而從屋架梁上被抬起，而用來抬起脊木或桁條的就是屋架柱。

在一樓的地板組中，將地板梁從地面抬起的是地板短柱，而將脊木、桁條從屋架梁抬起的就稱為屋架柱，兩者都可以簡單地稱為短柱。地板短柱為90mm×90mm（3吋見方），屋架柱則常常使用大一點的105mm×105mm（3吋5分見方），兩者都是以柱材設定好的高度切斷後來使用。

　　將地板梁從地面抬起的 → 地板短柱 → 90mm×90mm（3吋見方）
　　將脊木、桁條從屋架梁抬起的 → 屋架柱 → 105mm×105mm（3吋5分見方）

注：在日文裡，「束」就是短的意思；「束間」是短暫的時間；「束柱」則是短柱，通常會把束柱省略而直接稱為束。

Q 什麼是屋架加勁材？

A 避免屋架柱倒塌而裝上的橫架材。

 約 **15mm×90mm**、薄板形狀的貫材。貫就是從柱子的橫方向貫穿的材料，在以前的木造建築工法中常常使用，像這樣的薄角材總稱為貫，而屋架加勁材就是使用這樣的薄角材，由於是較沒有受力的部位，就不需要使用像設置在牆壁裡的粗橫架材。

因為地板短柱可以當成是樹木的根，像纏繞般的釘上避免地板短柱倒塌的貫材，也稱為地板加勁材。屋架柱和地板短柱雖然稱呼不同，但使用的是一樣的貫材。

避免屋架柱倒塌 → 屋架加勁材：**15mm×90mm**
避免地板短柱倒塌 → 地板加勁材：**15mm×90mm**

屋架加勁材和地板加勁材兩個都是打在縱橫的兩方向上，在下圖中與頁面垂直相交的方向上也有打上貫材，是為了防止其從往縱橫兩方向倒塌。

181

Q 什麼是二重梁？

A 以二段組成在屋架梁上方的梁，或是指這個結構方式。

屋頂坡度太斜的話，屋架裡的空間會變大，接近屋脊的屋架柱會變得較長而降低穩定性，因此發展出將梁以二段式組合的方法。

以二段來組合的時候，上面的梁在日文裡稱為二重梁，也會稱為天秤梁。沒有組成二段梁的時候，只要加入很多的屋架加勁材，屋架支柱就不會倒塌，但是比較常用的工法還是二重梁。因為在日本人的美學裡不偏好使用斜材，而只以縱橫的方式來表現。

屋頂很大時，會由二段甚至三段梁來組成。在古代的民家中就有使用像這樣子，以好幾段組成的梁組來表現的建築物，可以看到立體格子的美。

二重梁

用一根柱子的話會太長

用二段的方式來組合。

Q 什麼是梁間、桁行？

A 梁間是和屋架梁平行的方向，桁行則是和簷桁條平行的方向。

梁間就是建築物短邊的方向，因為梁會架在短邊的方向上；另一方面桁
行也就變成長邊的方向，是以結構材方向來表示建築物的方向。

梁間 → 短邊的方向
桁行 → 長邊的方向

梁間也稱為梁間方向或梁行，另外梁間也會用來表示梁跨過多長的距
離、從支撐的柱子到另一根柱子、或從牆壁到另一個牆壁的跨距大小。
建築物的大小也可以表示為梁間2間、桁行3間等。

梁間＝梁間方向、梁行

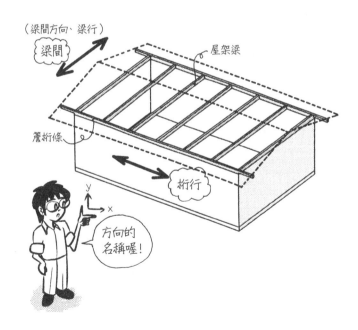

Q 什麼是山牆側（日：妻側）、平側？

A 能看見山形三角形屋頂的一側就是山牆側，而看見平坦屋頂的一側則稱為平側。

日本的切妻屋頂就是一般的山形屋頂（鞍狀屋頂）。在日式建築中，妻表示三角形牆壁的部分，因為是將山形垂直切斷後形成的妻，所以稱為切妻屋頂。

在山形屋頂中看見山牆，也就是看見三角形的一側稱為山牆側；而另一側看不見三角形，只看到平的屋頂，則稱為平側。

從山牆側這一邊進入稱為妻入，而從平側進入屋內就稱為平入。在妻入中，因為看得見三角形這一側，所以中心軸非常重要，是有強烈左右對稱性的入口，由此可見歐洲的教堂一定都是妻入，而京都街上的房子等則為平入，比起妻入來說是，是較沒有象徵性、謙虛的入口。

在方向上稱為梁間、桁行，哪一側則稱為山牆側、平側，是在實務中常常出現的用語，請牢牢地記住。

　　哪一側？ → 山牆側、平側
　　從哪裡進入？ → 妻入、平入
　　哪一個方向？ → 梁間、桁行

Q 什麼是廡殿式屋頂（天幕式屋頂）？

A 如下圖，屋頂面朝四個方向傾斜的屋頂。

> 屋頂的稜線（屋脊）在日文中稱為「棟」，而因為是從四方朝中央的棟集中，所以廡殿式屋頂在日文裡稱為「寄棟」。
>
> 廡殿式屋頂在排水上的功能較山形屋頂優。因為屋簷是朝四方突出的，所以有雨水較不易潑到牆壁上的優點，以前在豪華的建築物中就常使用這種廡殿式屋頂。
>
> 雖然具有比較不會淋到雨的優點，但也有較難在屋頂上層設置換氣孔的缺點。因此山形屋頂會在山牆側上方設置換氣孔，將屋簷裡的熱空氣往外趕出。
>
> 如果做成正方形的廡殿式屋頂，如下圖，山頂上的屋脊就會不見，變成只有 45 度向上面中央集中的屋脊，而這個屋頂的形狀是廡殿式屋頂的特別版，稱為方形屋頂。

Q 什麼是歇山式屋頂？

A 如下圖，將廡殿頂上的屋脊延長，部分屋頂成為山形的屋頂。

像是結合山形屋頂和廡殿式屋頂的屋頂。上部是山形，下部是廡殿的形狀，因此無法在廡殿式屋頂上部中建造的換氣孔，就可以建立在小小的山牆側上，也可以作為排煙用。

因為屋頂裡的換氣孔容易建造而在亞洲普及的歇山式屋頂，在日本也和廡殿式屋頂一樣，是豪華建築物常常採用的屋頂形式，寺廟、神社、城牆、民家等建築也常可以看到。

廡殿式屋頂

也常用作寺廟的屋頂唷！

歇山式屋頂

可以建造換氣孔或排煙用

Q 什麼是京呂組？

A 如下圖，在簷桁條上架設屋架梁的方式。

外側的柱子、外牆側的柱子都稱為側柱，側柱的頭頂用簷桁條壓住，而在這個簷桁條上架設屋架梁。

　　側柱 → 簷桁條 → 屋架梁

以京呂組來架設屋架梁的話，即使在沒有側柱的地方也可以架設屋架梁。在這個時候簷桁條因為需要承受重量，而會使用較粗的角材。

為了讓屋架梁不會脫離、牢牢地固定在簷桁條上而使用魚尾板螺栓。京呂組是現在普遍使用的組裝方式。

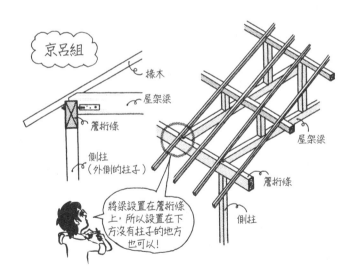

Q 什麼是折置組？

A 如下圖，在柱子上架設屋架梁的方式。

在側柱上直接架設屋架梁，再於其上架設簷桁條然後設置椽木，在這個情況下，簷桁條只有承受椽木的重量，所以使用較小的材料即可。

京呂組：柱子 → 簷桁條 → 屋架梁
折置組：柱子 → 屋架梁 → 簷桁條

使用折置組的方法時，每根梁都需要一根柱子，所以會限制柱子放置的位置，但是也因為柱子可以直接支撐梁，在結構上來說是較有利的。柱子和簷桁條以魚尾板螺栓來栓住，讓屋架梁、簷桁條都不易被拔開。在現在通常使用取間隔較為自由的京呂組。

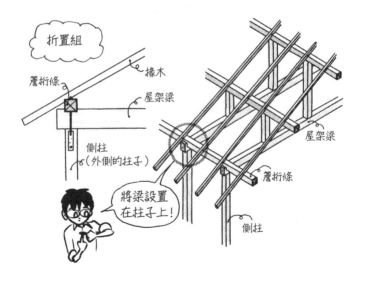

Q 在京呂組中,在簷桁條上搭架屋架梁的橫向接合為?

A 如下圖,用盔型搭接和魚尾板螺栓固定。

 這是從上方落入屋脊中使其不會被拔開的榫頭,在屋架梁是以鳩尾榫頭,在簷桁條則是鳩尾榫孔。

因為像是從上方蓋住,所以稱為蓋頭鳩尾。整個木材以鳩尾榫頭插入固定,接近於嵌入鳩尾搭接(見**R159**)的橫向接合,是在嵌入鳩尾搭架接上加上頭盔的形狀,頭盔的部分在簷桁條上面就像是搭坐在上面的樣子,加上頭盔部分是為了防止梁掉落下來。

桁條和梁都可以挖鑿出讓椽木通過的溝槽,而這個溝就稱為椽木道、椽木缺口等。

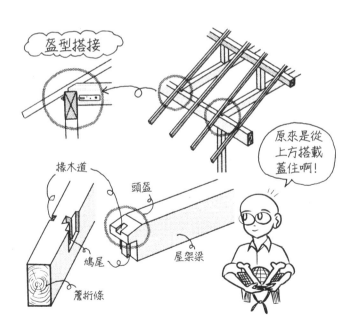

Q 什麼是半企口齒栓接？

A 在桁條、梁等橫材上經常使用的縱向接合。

類似的縱向接合有金輪接合等，但先把這個具代表性的半企口齒栓接名稱及大概形狀記住吧！

半企口齒栓接是從縱方向上落入連接處的縱向接合，齒栓則是從橫方向上插入，用來固定兩個材料的長栓，可抵抗彎曲和張力，常用在梁或桁條的縱向接合上。

縱向接合的位置是在比柱芯稍微出來一點的地方，因為在柱子的正上方，彎曲的力（彎矩）較強，一般是在距離柱芯**15cm**左右的位置上連接。

半企口齒栓接

是桁架或梁的
縱向結合喔！

齒栓

Q 下列七個縱向接合、橫向接合的形狀分別為？

A ①鳩尾（燕尾）榫接 ②蛇首榫接 ③半企口齒栓接 ④嵌入鳩尾搭接
⑤盔型搭接 ⑥滑齒搭接 ⑦斜嵌榫接

在這裡複習一下重要的縱向接合和橫向接合。

在軸方向上連接的是縱向接合，因為材料的長度有限，若使用在較長的
部材，就必須要使用縱向接合。

橫向接合則使用在L形、T形、十字形等有角度的部材接合上。

擁有長久傳統的縱向接合、橫向接合，光是研讀其形狀和名稱都覺得很
有趣，而這也是無數的工匠們經過幾百年時間試驗後所得到的結果，和
2×4工法或鋼骨結構、鋼筋混凝土結構以同一個平面來接合梁的方式不
同，可以感覺到工法裡的深度。

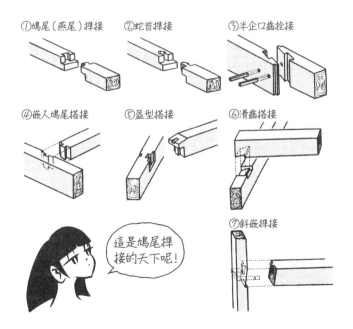

①鳩尾（燕尾）榫接　②蛇首榫接　③半企口齒栓接

④嵌入鳩尾搭接　⑤盔型搭接　⑥滑齒搭接

⑦斜嵌榫接

這是鳩尾榫接的天下呢！

Q 什麼是機械預切（precut）？

A 廣義上來說是在事前（pre）先切斷（cut），狹義上則是指包含縱向接合、橫向接合上以機械先行切割的意思。

 縱向接合、橫向接合在以前是由工匠們手工完成的，而現在則漸漸變成事先在機械預切工廠製作好，具有降低專業技術需求、縮短工期、節省經費等優點。

機械預切的縱向接合、橫向接合，因為會有許多圓弧形的部分，很容易就可以分辨。即使是蛇形的榫頭，機器也可以很簡單的就製造出來。

廢除手工的專業技術，取而代之的是機械作業，就像從馬車到蒸氣機關、從手織物到機械織物、從原稿用紙到打字機、從手繪設計圖到CAD設計圖，時代的洪流是無法停止的。姑且不論機械化背後的意義，但如何順應這些變化，建造出品質更佳的建築物絕對是值得嘗試的。

pre・cut 就是事前的切削。

以機械預切的蛇首榫接

圓弧狀

Q 什麼是頭徑、尾徑？

A 接近原木根部的是頭徑，而接近尖端的一方則為尾徑。

原木為只扒掉樹皮的木材，相較於再製成筆直的木材，可以用很便宜的
價格買到。且因為還含有芯，所以具有強度，但是有點彎曲，在頭徑和
尾徑上直徑不同，所以只能使用在屋架梁上。

原木的根部較粗大，越往上面則越細，根部的直徑為300mm時，寫成
頭徑300φ，同樣的，尖端部分的直徑為150mm時，寫成尾徑150φ。

因為梁藏在天花板裡，所以以前常使用原木做為屋架梁。這時因為承受
來自上方的重量，加上在下方鋪設平坦的天花板，所以會將其設置為向
上彎曲的方式來搭架，而現在通常都是使用再製過的筆直梁木。

在古代民家的土間上往上看，會看到以S形彎曲的大型梁，被巧妙地收
藏著，當時工匠的本領可見一斑。

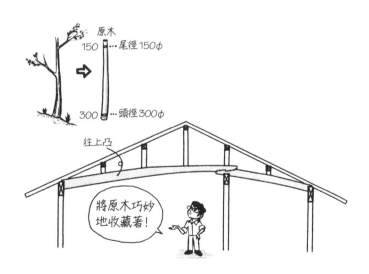

原木
150 …尾徑150φ

300 …頭徑300φ

往上凸

將原木巧妙
地收藏著！

Q 什麼是太鼓材？

A 將原木兩側切掉，斷面看起來就像是從側邊看過去的太鼓。

未加工的原木即使旋轉成另一角度，也會是凹凸不平的，在畫墨線的時候會很不方便。畫墨線就是在木材的表面上使用墨和線，畫出用來加工的線。為此，將原木的左右側切掉，只有上下是彎曲的，這樣子在畫墨線時就容易多了！

將原木兩側切斷的工作稱為太鼓落或太鼓挽，而兩側被切掉的木材就稱為太鼓材。太鼓材主要是使用在屋架梁上，在加工上比起原木較為輕鬆，如果是用原木的話，即使是放在平坦的地方也不會穩定，所以主要是為了畫上墨線，讓加工可以較輕鬆而施作太鼓落。

太鼓材

cut　cut
太鼓落（太鼓挽）

斷面像是從側邊看的太鼓形狀！

Q 屋架梁的間隔為？

A 一般為1間（**1,820mm**）以下。

桁條、脊木一般使用**105mm×105mm**或**120mm×120mm**的角材，這時候的跨距就為1間左右。

如果跨距超過1間，桁條、脊木會被屋頂的重量壓彎，所以當跨距在1間以上時，桁條、脊木必須使用更粗的木材，變得較不經濟。

因此桁條、脊木的跨距要在1間以內，也就是屋架梁的間隔要在1間以內。有時根據柱子的位置來設置，間隔會變成半間。屋架梁的間隔不會超過1間以上，若在1間以上都沒有柱子時，就只能用簷桁條來支撐屋架梁。

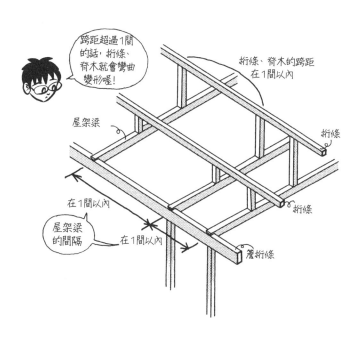

Q 跨距為2間（3,640mm）、1間半（2,730mm）時，屋架梁的尺寸為？

A 若是原木的話，分別為尾徑150φ、尾徑120φ，若是加工過的梁，分別為120mm×300mm、120mm×210mm左右。

在跨過2間的時候，原木為150φ，角材的話則為120mm×300mm，可以知道原木的強度較高。尾徑150φ的意思是指較細的一邊為150mm，在使用原木的時候，以較細一邊的直徑來指定，如果沒有指定最低必要限度的直徑，可能會有危險。

使用集成材的屋架梁大小和二樓的地板梁幾乎是一樣的，梁高約為跨距的1/12。

　　跨距＝2間 → 尾徑150φ 或120mm×300mm
　　跨距＝1間半 → 尾徑120φ 或120mm×210mm

屋架梁和地板梁一樣常常使用松木，因為松木較堅硬，可以抵抗彎曲，適合用來作為梁，而不使用常用於柱子的杉木。

　　梁 → 松木
　　柱子 → 杉木

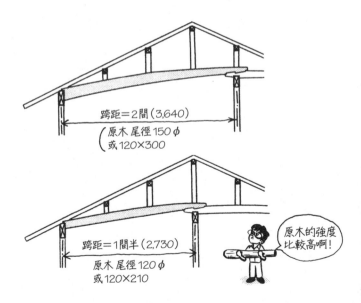

跨距＝2間（3,640）
原木 尾徑150φ
或120×300

跨距＝1間半（2,730）
原木 尾徑120φ
或120×210

原木的強度比較高啊！

Q 在（R151）的8疊房間上，一面斜向屋頂的屋架結構圖為（南面為平側）？

A 如下圖所示。

屋架結構圖是拿開屋頂板，從上面看屋架組的平面圖。

在（R151）中8疊的二樓上，可以假設和一樓一樣的柱配置來架設屋頂，而先畫出柱子的位置。8疊也就是在縱橫方向上都為2間長，而屋架梁的間隔為1間，所以只要在房屋的中央放入一根大梁即可。

原木的屋架梁標記如圖上所示，若以45度斜線和直線包圍的話，就變成是製成材的梁。在牆壁上的梁因為柱子的間隔在1間以內，所以不需要使用粗大木材。相對於架在空間上的梁是使用尾徑 150 φ 的原木或 120mm×300mm 的粗大木材，牆壁上的梁用 120mm 見方就可以了。

牆壁上的梁 → 120mm×120mm 等
架在空間的梁 → 原木尾徑150 φ、120mm×300mm等

承受屋架梁的簷桁條，因為搭架在沒有柱子的地方，所以使用 120mm×300mm 等的粗大材，而北側的橫材是放置在下面有柱子的地方，所以用 120mm×120mm 就可以了。

在屋架梁上以半間（910mm）的間隔設立屋架柱，屋架柱以○表示，畫在梁上。屋架柱是使用 105mm×105mm 的角材。

在屋架柱的上方掛載 105mm×105mm 的桁條，桁條則以單點線來畫。

在桁條的上方則以450mm的間隔放置椽木，椽木以細實線來畫。

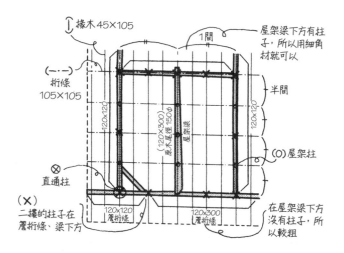

Q 在縱向較長（南北向較長）的6疊房間上搭架一面斜向的屋頂時的屋架結構圖為（南面為平側）？

A 如下圖所示。

6疊為2間×1間半，但在南北方向較長的房屋時，屋架梁的跨距變成為2間。要跨過2間的空間時，就必須要使用尾徑150φ的原木或120mm×300mm的粗木材。

> 跨過2間空間的梁 → 不管是二樓地板組或屋架組都是
> 120mm×300mm（或尾徑150φ）

即使沒有跨過2間，也無法在東西方向上搭架屋架梁，因為如此一來在屋架梁上以半間（910mm）的間隔設立屋架柱的作業就無法進行了。在二樓的地板組中，梁是朝向哪個方向都沒關係，但屋架組就不行。
柱子的位置是原本就設定好的，所以若讓屋架梁搭載在柱子上的方式搭設的話，簷桁條就只要用120mm×120mm的細木材就行了。
牆壁上的梁因為沒有跨過空間，所以可以用120mm×120mm的細角材。
簷桁條朝左側（西）延伸，桁條也朝左側延伸，來支撐山牆側屋簷的椽木。有很多的設計為在山牆側上的屋簷不向外突出，但是考慮到牆壁的耐久性，為了不受日曬或雨淋，將屋簷突出的方法較為安全。

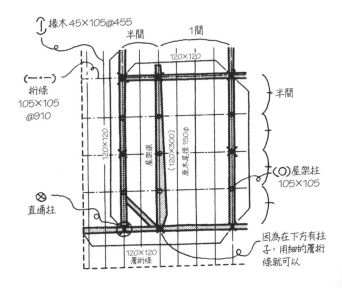

Q 橫向方向較長（東西向較長）的 6 疊房間上，架設一面斜向屋頂的屋架
結構圖（南面為平側）為？

A 如下圖所示。

屋架梁架設在屋頂的斜向方向上，桁條和屋架梁垂直相交搭架，椽木則
以和桁條垂直相交的方式掛載，所以椽木和屋架梁的方向是一致的。

　　屋頂（椽木）的斜向方向＝屋架梁的方向。

6 疊的 2 間×1 間半裡，短的 1 間就是屋架梁的跨距，因為 1 間半的跨
距較短，只要用尾徑 120φ 或 120mm×210mm 的細梁就可以了。

　　跨過 1 間半空間的梁 → 不管是二樓地板組或屋架組都是用 120mm
　　×210mm（或是尾徑 120φ）

原木的圖面標示如下圖所示，粗的一方為頭徑，細的一方為尾徑，對應
實際原木的粗細。
屋架梁在簷桁條一側上，因為沒有柱子支撐，而使用 120mm× 300mm
的粗大簷桁條來支撐（若梁的下方有柱子支撐，用 120mm×120mm
即可），相反一側的下方有柱子，所以承受屋架梁的橫材用細的尺寸
120mm×120mm 就可以，其他的牆壁上部的橫材也為 120mm×120mm。

　　牆壁上的橫材、下方有柱子支撐的橫材 → 120mm×120mm

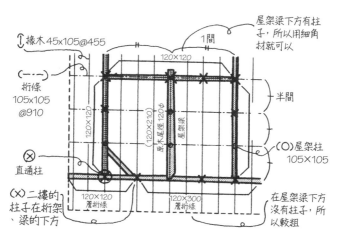

Q 在4疊半的房間上，架設一面斜向屋頂的屋架結構圖（南面為平側）為？

A 如下圖所示。

4疊半為1間半×1間半，不在1間半的某處置入屋架梁，就會無法掛載桁條，因為105mm×105mm的桁條所能承受的最大跨距為1間。

如下圖的柱子配置時，將屋架梁設置在有柱子的地方是較安全的，因為重量可以直接傳達到柱子上，承受梁的簷桁條或橫材就可以細一點。而如果只以橫材來承受梁的話，這個橫材就必須是粗大木材。

因為屋架梁的跨距為1間半（2,730mm），所以使用尾徑120φ或120mm×210mm的角材。

跨距為1間半 → 120mm×210mm或尾徑120φ

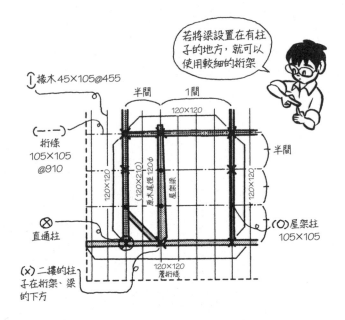

Q 如何將（**R189**）的屋架結構圖畫成原本的立體圖？

A 如下圖所示。

在畫設計圖的時候，一定要一邊想著立體圖一邊畫線，什麼都沒有想就畫設計圖的話，只是在浪費時間而已，不只是立體圖，屋架結構圖、平面圖、立面圖、斷面圖，全都是有密切關係的。

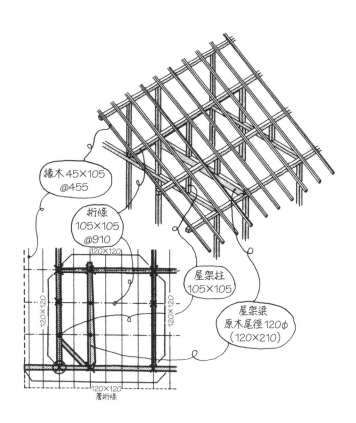

椽木45×105
@455

桁條
105×105
@910

（120×120）

120×120

120×120

屋架柱
105×105

屋架梁
原木尾徑120φ
（120×210）

120×120

簷桁條

Q　四邊坡度都一樣的廡殿式屋頂，屋頂結構圖會是如何呢？

A　如下圖，斜向的屋脊全部都變成45度。

屋頂結構圖就是從上方俯瞰屋頂的圖。而複雜或很難看懂的屋頂結構圖，很有可能會成為容易漏雨的屋頂。

廡殿式屋頂一般四面的坡度都會是一樣的，否則看起來就會不整齊，屋架組也會變得複雜。而若四邊都是一樣的坡度，斜稜線相對於屋頂的各邊就變成是45度。為了讓每個面的傾斜坡度都一樣，必然就會用等分的角度來分。

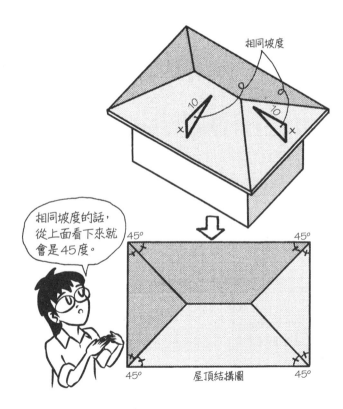

屋頂結構圖

Q 什麼是戧緣？

A 用來支撐廡殿式屋頂的斜屋脊（戧脊），而具有傾斜坡度的部材。

廡殿就是向屋脊集中的意思，所以屋頂的稜線全部都稱為屋脊，在屋脊裡有傾斜角度的四個屋脊，因為是掛架在四個角落的屋脊，稱為戧脊。支撐戧脊的部材就稱為戧緣。支撐屋頂上的屋脊的叫作脊木，都是用來建造出山稜線的部材。

戧緣的加工需要高超的專業技術，因此廡殿式屋頂是比山形屋頂還更倚賴技術，等級更高的屋頂。

戧緣、脊木或桁條一樣，都是由稱為屋架柱的短柱來支撐。

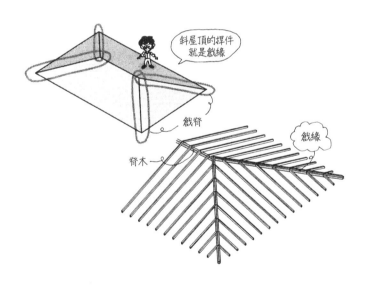

Q 廡殿式屋頂上，支撐椽木的方法為？

A 和山形屋頂一樣，以每半間為間隔距離設置的簷桁條、桁條、脊木等橫材來支撐。

 如下圖所示為具代表性的斷面，各斷面的屋架組幾乎和山形屋頂是一樣的，簷桁條會因屋架梁的承載方式而改變其粗細，當屋架梁搭接在大型窗戶上時，簷桁條就要使用更粗大的木材。

支撐山牆側上桁條的方式有許多種，下圖便是以梁來支撐，但也有未架設梁的案例。

在廡殿式屋頂上，因為有45度的屋脊（戧脊）和山牆側的屋頂，所以屋架組就變得複雜化。支撐戧緣的方法、支撐山牆側桁條的方法，必須根據不同的場合來作調整。

戧緣使用120mm×120mm、105mm×105mm的角材，和桁條、脊木、細的簷桁條的斷面幾乎一樣大。

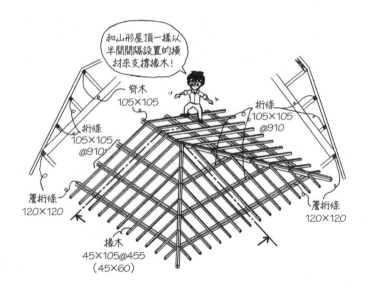

Q 支撐45度的戧緣需要以45度來架設屋架梁嗎？

A 以45度架設屋頂梁時跨距會變得更長，所以將屋架梁架設在水平和垂直方向上。

下圖為在8疊的房間上掛架戧緣的例子。如果設置和戧緣同方向的屋架梁，就必須要有和房間對角線方向等長的長度。設置在橫方向上的話為2間（3,620mm），但是45度的話就變成√2倍（1.41倍）的2.82間（5,104mm）。架設長梁時，必須要有粗的梁，這是在結構上和費用上都想要避免的部分。所以就變成在房子的正中央架設梁，再架設小梁的方式。如果是用這個方法，用一般的粗梁就可以了，再於該梁上設立屋架柱來支撐戧緣。

為了簡化圖面，所以下圖只畫出用來支撐戧緣的梁組。除了戧緣之外，因為也必須支撐桁條或脊木，所以梁組會再稍微複雜一點。

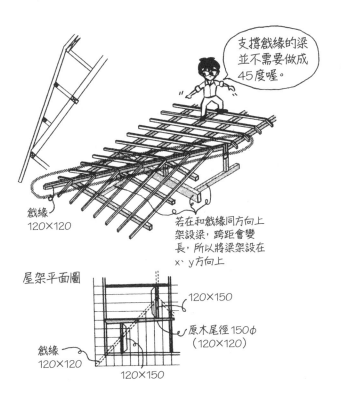

支撐戧緣的梁並不需要做成45度喔。

戧緣
120×120

若在和戧緣同方向上架設梁，跨距會變長，所以將梁架設在x、y方向上

屋架平面圖

120×150

原木尾徑150φ（120×120）

戧緣
120×120

120×150

Q 什麼是屋頂襯板？

A 做為屋頂鋪底用的板子。

是鋪底板，且主要是指屋頂的鋪底板。

屋頂襯板一般使用 12 或 15mm 厚的合板，材質為結構用合板或混凝土板等。混凝土板雖然是可作為混凝土鑄模的合板，但因為具有強度，而常常被使用作為鋪底板。

除了合板以外，也會用厚 15mm、寬 180mm 左右的杉木板來鋪設。在屋簷下方作為美化，而只在屋頂襯板突出的地方，鋪設這種杉木板。

在圖面上標記時，板的厚度以「厚」、「ア.」、「t＝」等來表示。

　　結構用合板 厚 15mm、結構用合板 ア.15、結構用合板 t＝15
　　混凝土板 厚 12、混凝土板 ア.12、混凝土板 t＝12

在上梁之後就必須馬上鋪設屋頂襯板，避免雨水淋溼結構材。若淋到雨水會容易沾上灰塵而變髒，加上長時間潮濕的話木頭也容易受傷，所以如果屋頂襯板鋪設好後，便可以稍微安心一點了。

屋頂的鋪底板就是屋頂襯板

屋頂襯板

Q 什麼是結構用合板？

A 合板中，通過結構強度標準的合板。

結構用合板主要是指在JAS（Japan Agricultural Standard：日本農林規格）標準中合格的合板，在板子上會壓上JAS的標誌。

最近較難購買到闊葉木，而經常使用針葉木。合板是將木材像切蘿蔔薄片般的方式沿著周圍切成薄片，將木紋以縱橫交錯的方向疊在一起黏合而成。雖然柳安木合板的木紋是以縱方向通過，但針葉木的結構用合板的表面會如下圖的紋路狀。以縱向切割木紋或年輪的話，在生長紋路的部分多少會有些凹凸狀。2×4工法裡所使用的合板，也是結構用合板。

合板有9、12、15、18、21、24、28、30、35mm各種厚度，在屋頂或地板的鋪底板中經常使用12或15mm的結構用合板，此時必須採用間隔455mm的椽木、間隔303mm的地板格柵形式。最近常常採用的方法是使用28或30mm的厚板，而就不使用地板格柵直接掛架在910mm間隔的地板梁上的作法。

> 椽木@455、地板格柵@303 → 合板厚12、15mm
> 沒有地板格柵下，地板梁@910 → 合板厚28、30mm

合板表面上F☆☆☆☆的標誌是表示接著劑中的甲醛發散量。☆越多表示發散量越少，最高為四個☆，因擔心會有病態屋症候群（Sick House），而傾向於只在內裝中使用F☆☆☆☆的合板。

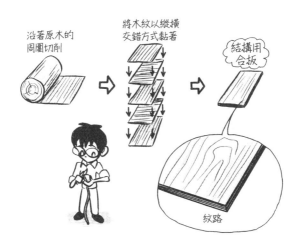

沿著原木的周圍切削

將木紋以縱橫交錯方式黏著

結構用合板

紋路

8

屋頂

Q 什麼是混凝土板？

A 以柳安木（lauan）材製成的混凝土鑄模用的合板。

 也稱為 lauan veneer 板，柳安木是闊葉樹的一種，veneer（膠合板的一層）就是沿著木材的周圍方向切成薄片的單板。

將單板依木紋以縱橫交錯的方式重疊接著可形成合板。在文字上的正確意義，lauan veneer 應該是以柳安木製成的薄單板，但以這個單板貼合而成的合板，也稱為 lauan veneer，可簡稱為 veneer 板。

當成鋪底板使用時，使用 12 或 15mm 厚左右的混凝土板，在圖面上的表示為：

屋頂襯板混凝土板厚 12、屋頂襯板混凝土板厚 15

在混凝土板的表面，沒有像針葉樹的結構用合板一樣的紋路，只有直條紋。結構用合板顏色比較白，混凝土板則是較紅的板子。結構用合板和混凝土板都在居家量販店中平擺著，請去看看實物來做比較。

結構用合板 → 較白、花紋＋直條紋
混凝土板 → 較紅、直條紋

混凝土板（柳安木合板）　額色偏紅　直條紋
結構用合板　額色偏白　花紋＋直條紋
建議去量販店比較看看喔！　還有價錢

Q 什麼是封簷板？

A 用來隱藏椽木前端的切口而加上的板。

木材切口（木口）指的是長木材的斷面部分，也會寫成小口，有時也會指混凝土塊或磚塊的小側面。

木材切口是木材最怕水的地方，因為木頭是經由纖維吸水的，如果露出木材切口的話，水就會被吸進來。在以椽木作為裝飾的建築物中，用銅板等材質披蓋住的目的就是為了避免水進入。另外封簷板也能有效地防止椽木橫向搖晃。

在日文中，椽木的切口可以稱為鼻先，因為是把鼻先藏起來，所以就稱為鼻し。如下圖，封簷板有以垂直設置或和椽木垂直設置等各種角度或型態，是設計屋簷端的重要部分。

使用在此切口的板為 **30mm×200mm**、**20mm×180mm** 左右的板，用 **200** 或 **180mm** 的板會依屋簷端的設計來選擇，也就是封簷板的大小是依設計圖來決定的。

因為封簷板很容易被雨淋溼，且從屋頂流下來的雨也會流過其表面，所以必須要使用較不怕水的材料。使用木材的時候，會在上面捲上一層稱為彩色鐵板的塗裝鐵板或是施作防水塗裝。另外還有水泥製或樹脂製的成品，樹脂製的封簷板在維修時較為輕鬆。

Q 什麼是破風？

A 在屋頂的山牆側上，隱藏桁條等橫材切口、椽木側面的板。

在山牆側上會有簷桁條、桁條、脊木等橫材的切斷面（木材切口），雖然也有展現設計橫材斷面的表現手法，但因為了避免淋雨，一般還是會用板子把它隱藏起來。可同時隱藏住橫材的切口和椽木側面，這個隱藏屋頂側面結構的板，就稱為破風或破風板，有時破風也用來表示破風所構成的三角形整體。

　　封簷板 → 隱藏椽木的切口。
　　破風 → 隱藏山牆側的橫材切口和椽木的側面。

破風的高度由橫材、椽木和屋頂坡度等來決定，畫好大的設計圖後，必須檢查收尾的方式，特別在破風和封簷板相接的地方，需要慎重檢查。因為封簷板只用來隱藏椽木的切口，所以不需要太高；另一方面，破風要隱藏椽木的側面和橫材兩部分，所以必須要有這部分的高度，因為是兩個不同高度的板相連，要收尾就變得比較困難。下圖是將破風的前端水平切斷來配合封簷板的高度。

三角形狀的破風是屋頂斷面上可看見的部分，所以設計面也很重要，日本澡堂的入口處常常可以看見的唐破風，就是以S形曲線作出破風。

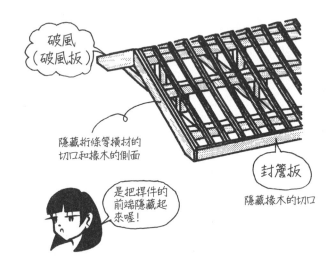

破風（破風板）

隱藏桁條等橫材的切口和椽木的側面

封簷板

隱藏椽木的切口

是把桿件的前端隱藏起來喔！

Q 什麼是挑口板？

A 加在椽木前端上部的板。

加在椽木前端切口上的板是封簷板，而加在椽木前端上部的板稱為挑口板，是斷面為25mm×105mm左右的板。

挑口板是種梯形斷面的板，在屋簷端較厚，而在另外一端則為和屋面襯板一樣的厚度，這是為了讓挑口板可以和屋面襯板完美連接，盡量使此部位堅固的方式。

在將椽木切口露出的設計中，並沒有釘上封簷板，但若什麼都沒有釘，前端會搖搖晃晃的，所以在這裡釘上板子。工程順序的話，首先是在椽木前端上部釘上挑口板，這樣一來椽木就不會在橫向的間隔上搖晃了。釘上挑口板之後，再於突出的地方固定屋面襯板。

在屋簷端瓦片的收納上，挑口板也擔任了重要的任務，瓦片的前端會比坡度還要稍微浮起突出，這個時候就使用挑口板。另外，在椽木前端以封簷板隱藏的情況下也一樣，在鋪蓋瓦片時釘上挑口板。

Q 什麼是瀝青油毛氈？

A 把毛氈或紙浸到瀝青中，使其具有不透水的特性，功能為防水用的薄片。

在屋面襯板上鋪上瀝青油毛氈是為了增強屋頂的防水性，然後再於瀝青油毛氈上鋪設瓦片等屋頂材。

雖然使雨水流出是屋瓦等屋頂材的功能，但有時也會發生水往下漏的情形，如果加上瀝青油毛氈的話，就可以稍稍防止漏水。

如下圖，瀝青油毛氈是捲狀的薄片，在屋面襯板上以由下往上重疊的方式鋪蓋，若是從上往下重疊鋪蓋的話，水就可能會滲入。

瀝青油毛氈大多以釘子固定，所以上面就會有洞，另外固定屋瓦的天花格柵時，也會在其上釘釘子，或使用釘子將屋頂材固定於其上，因此瀝青油毛氈就變成到處都是洞。

雖然釘子周圍的毛氈會將釘子包住，使水較不容易跑進洞穴裡，但它確實是有洞的，所以瀝青油毛氈再怎麼說都只是輔助用的防水材，不可以完全依賴它。

Q 石板鋪蓋屋頂的坡度為？

A 3/10以上（坡度三吋以上）。

石板鋪蓋的坡度必須要3/10以上。因為是走了10吋後往上3吋，所以稱為3吋坡度。假如說用35度等角度來表示的話，較無法瞭解其尺寸大小，所以使用十分之幾的表示方法。

雖然標準坡度是3/10以上，但如果允許的話，4/10或5/10的屋頂較容易排除雨水。基本上屋頂坡度較陡，水較容易流出，也比較不會有漏水的情形。

混凝土結構、鋼骨結構的屋頂也是使用有坡度的屋頂較不會有漏水的情況。但如果坡度太陡的話，屋頂內部會變大、高度也會變高，會影響到造價和法規制度等。而作為屋頂坡度的標準，記住石板鋪蓋屋頂為3/10以上（3吋坡度以上）。

在北海道等常積雪的地方，不僅除雪很麻煩，還得擔心落雪等問題，所以屋頂會使用逆坡度（內坡度），在冬季的期間就使其自然堆積。以前使用金屬板鋪蓋的陡坡，讓雪能自然落下，但在這個情況下，無論雪是否落下來都是很危險的，所以就讓雪自然的承載在屋頂上。雖然逆坡度的屋頂對於降雪來說是個好對策，但較不容易排除雨水，且外牆壁也會容易損壞。

Q 金屬板鋪蓋、石板鋪蓋、瓦鋪蓋，各自的坡度為？

A 分別為2吋坡度以上（ **2/10** ）、3吋坡度以上（ **3/10** ）、4吋坡度以上（ **4/10** ）。

首先要記得石板鋪蓋的3吋坡度以上是一般標準。而在其上下還有2吋、4吋的尺寸，但在實際的屋頂坡度上大多使用4吋、5吋坡度。

鐵板等金屬板可以只用一塊板就從屋脊鋪設到屋簷，是讓水很難在中間滲入的鋪蓋方式，且表面平滑容易使水流下，所以坡度可以較緩。

瓦片則是由下而上重疊覆蓋、鋪設到屋梁上的，水很容易從瓦片和瓦片間的空隙流入，所以要使用較陡的坡度避免水滲入屋內。不同的產品會產生不同的結果，所以要好好的閱讀建材型錄。

把屋頂材的關係和坡度一起記下來吧！

　　　金屬板鋪蓋＜石板鋪蓋＜瓦鋪蓋
　　　2/10 ＜ **3/10** ＜ **4/10**

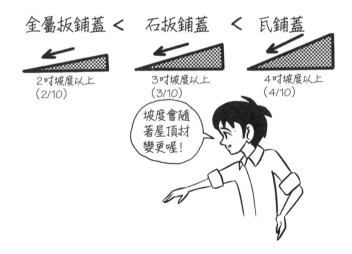

Q 什麼是石板？

A 以纖維強化的水泥板

石板（slate），原本指的是以黏板岩等薄片組合而成的石板，使用在屋頂或地板等鋪蓋上。現在因為費用的關係，偶爾才會使用天然石板。

一般的石板為水泥產品，但只有水泥的成分會很容易破掉，所以加入纖維作為補強，以前常使用石綿（asbestos），但後來研究顯示石棉為有害物質後，現都以其他纖維代替。

石板除了作為屋頂材之外，也作為外部裝潢的材料，有波板、不燃板等各式各樣的產品。不同的產品，尺寸也不太一樣，但大部分為910mm（寬）×455mm（高）左右，重3kg左右。如下圖，將其由下往上重疊，以不通過接頭互相錯開的方式（半磚錯縫），用接著劑和釘子貼上。

最有名的商品名稱為color paste colonial，colonial指的是在美國殖民時代經常看到的樣式，當時是以小木片作為屋頂或外牆的裝潢，和商品名稱完全沒有關係。

石板屋頂建築通常在二十年後會有發霉或塗裝上的損壞，必須要重新塗裝更換，但比起使用新建材的瓦片會較為輕鬆。

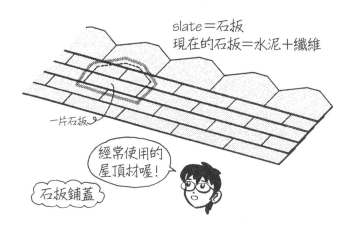

slate＝石板
現在的石板＝水泥＋纖維

一片石板

經常使用的屋頂材喔！

石板鋪蓋

Q 為什麼要在石板鋪蓋屋頂的屋簷前端上加上簷口？

A 為了加強屋簷前端的排水性，防止水跑進石板內部，並用來隱藏屋面襯板的木材斷面。

石板在屋簷前端突出，以落水管使雨水流出。屋面襯板也比封簷板還要突出是為了不讓水跑到封簷板裡，即使如此周全還是很難將水排除，在強風下，水很容易又跑進封簷板或屋簷裡，此時就是簷口登場的時候了。

如下圖，在屋簷前端設置的簷口是L形的。在屋面襯板一側的L形金屬扣件是以向上的方式折曲，用來防止水往內部滲入，這個部分就稱為回水槽。

L形的下方則是往內側折曲，是為了使水不會在強風等時候往上跑，另外在前端部分折曲，也可以為薄鐵板製成的金屬扣件補強。

簷口裝設在屋面襯板的切斷面上（木材斷面），也有隱藏切斷面使其美觀的效果，並能防止屋面襯板腐爛。雖然是很簡單的金屬扣件，卻有非常多重要的功用。

簷口一般以彩色鐵板製成。彩色鐵板是在工廠塗裝後，較不易生鏽的鐵板。

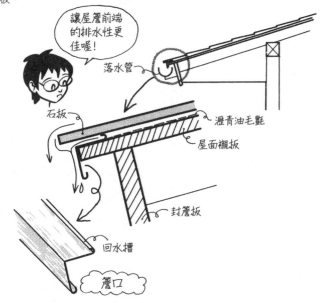

Q 為什麼要在石板鋪蓋屋頂的山牆側上設置簷口？

A 用來防止水跑進石板下方，並隱藏石板或屋面襯板的斷面。

屋頂材的山牆側切斷面稱為登板。

登板也可以設置金屬扣件，和屋簷前端的金屬扣件一樣，主要是作為防水處理的必要裝置，以防止雨水滲入。

如下圖，登板的簷口設置在瀝青油毛氈上。首先在登板側的屋簷前端上方打上角材（圖①），再以包住這個角材的方式釘上稱為登板用簷口的金屬扣件（圖②）。

角材是用來使其和石板一樣高的必要設置，這樣一來就可以隱藏石板的斷面。也變成隱藏石板或屋面襯板斷面的美化功用，和屋簷前端的簷口一樣，為了防止水滲入石板內部，而設置回水槽。

簷口是將彩色鐵板以板金加工製造而成，或是使用成品。

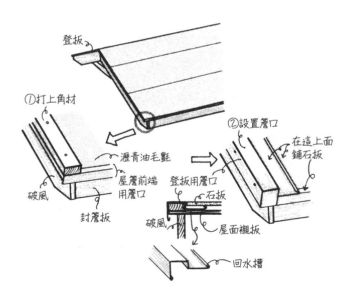

Q 什麼是屋脊隱藏鐵件？

A 為了不使水跑進屋脊裡，而將屋脊包覆住的金屬扣件。

如字面上的意思，屋脊隱藏鐵件就是將屋脊包覆住的金屬扣件，是防水處理上的必要金屬扣件。

兩側屋頂在石板接合的上端或稜線部分就是屋脊。如果不做任何處理，雨水就會從石板的縫細間滲入（圖①），屋頂的其他部分因為是由石板重疊組成的，所以水比較難滲入，但屋脊僅是兩側石板接合相碰而已，水很容易就會滲入。

所以，從上方用包覆金屬扣件將屋脊覆蓋住（圖②），雖然將縫隙塞住了，但雨水還是有可能從固定金屬扣件的釘子或螺絲的頭滲入。

下一步，為了不讓釘子的頭露出而釘上板子，再於上方覆蓋金屬扣件，從側面釘上釘子來固定板子（圖③）。因為釘子是從側面釘入，水就比較難會滲入，最後在釘頭周圍使用稱為填縫劑、具有彈性的橡膠物質將釘頭覆蓋住，作為萬全的對策。

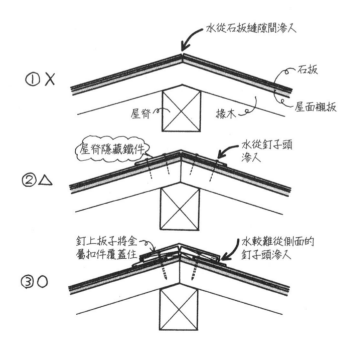

Q 什麼是金屬板瓦棒(心木)鋪蓋？

A 如下圖，把稱為瓦棒的細角材釘在屋頂上，再於其上包住金屬板來固定的工法。

在天花格柵上用約 **40mm×45mm** 的角材，以 **303～455mm** 的間隔縱向並排釘上，以稱為溝板的金屬板包覆住，從橫方向釘入釘子，然後再從瓦棒的上面，用稱為瓦棒被覆板的金屬板包住覆蓋，使其不會蹦開。

在屋簷前端登板的部分，則是將挑口板從橫方向上釘上釘子固定住，使其不會被拔開。登板側的挑口板，因為會沿著坡度登高，所以被稱為登挑口板。

因為坡度方向上是以一整片的金屬板來鋪設，所以不用太擔心漏雨的問題。而在這裡用 **2** 吋坡度（ **2/10** 坡度）的緩坡度即可，當然，大坡度一定可以更安心。

雖然還有一個步驟在下圖雖然被省略掉，但為了以防萬一，記得要在事前先鋪設瀝青油毛氈。

這邊的金屬板指的是彩色鐵板，因為價格較便宜，所以被廣泛的使用。近來的塗裝品質優良，有建造二十年的房子仍未出現鏽蝕的案例。一般會使用厚約 **0.4mm** 的鐵板，而除了彩色鐵板之外，也會使用不鏽鋼板、銅板等金屬板，若距離海邊比較近的建築物因較容易鏽蝕，建議使用不鏽鋼板是較好的選擇。

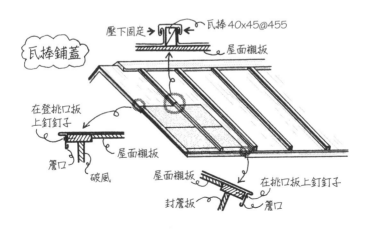

瓦棒鋪蓋

壓下固定　瓦棒40x45@455
屋面襯板

在登挑口板上釘釘子　屋面襯板
簷口　破風

屋面襯板　在挑口板上釘釘子
封簷板　簷口

Q 什麼是金屬板直立接縫鋪蓋？

A 如下圖，將金屬板的接合處折曲向上以連接的鋪設方法。

接縫就是指以板金（在常溫下的金屬加工）將金屬板接合時的接合口，英文稱為 **seam**，而沒有接合口的金屬板則稱為 **seamless**。

從接合口來看，為了不讓水跑進去而將接縫立起來的方法就稱為直立接縫。這是把固定屋面襯板的金屬扣件放入各處的接縫中，再一起折曲的。

直立接縫鋪蓋和瓦棒鋪蓋從遠處看很像，但近看的話，比瓦棒鋪蓋有更多精巧的細節。在緩坡度的單側斜屋頂上使用鍍鋁鋅鋼板（**galvalume**）直立接縫，受到建築師的歡迎而成為現代常見的屋頂。鍍鋁鋅鋼板指的是鍍上鋁和鋅合金的鋼板，為較不易鏽蝕的金屬板。

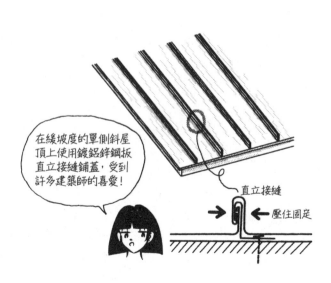

在緩坡度的單側斜屋頂上使用鍍鋁鋅鋼板直立接縫鋪蓋，受到許多建築師的喜愛！

直立接縫

壓住固定

Q 什麼是金屬板一文字鋪蓋？

A 將金屬板和屋脊形成平行地橫向一直線，由下往上重疊鋪蓋的作法。

橫向一直線的意思就是表現出「一」文字，因為漢字的「一」是橫向一直線，也就是在橫方向上不會分開的意思。使用在屋簷端，下端為筆直的瓦片，就稱為一文字瓦，這個也是從漢字的「一」的形狀而來。

在金屬板的情況下，將板橫放、從上方重疊時，板與板的接線以1/2長的寬錯開鋪設，在橫向的接線是相通的，但縱方向上的接線是相互錯開的。像這樣子不以直線通過，而是互相錯開的接線，就稱為半磚錯縫。

接著把金屬板包住不讓雨水進入，並且為了把金屬板固定在屋面襯板上，而使用小小的、稱為短柵鐵件的金屬扣件。

因為常會使用銅板等較高價的材料，或是為了避免在突出大片屋簷的屋頂上使用重的瓦片等原因，所以使用輕的金屬板一文字鋪蓋，是比瓦棒鋪蓋費工、也較高級的鋪設方法。

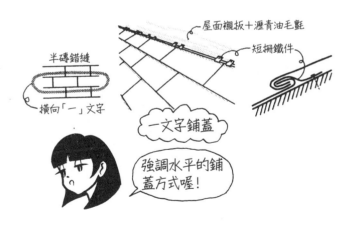

屋面襯板＋瀝青油毛氈

短柵鐵件

半磚錯縫

橫向「一」文字

一文字鋪蓋

強調水平的鋪蓋方式喔！

Q 什麼是本瓦鋪蓋？

A 如下圖，用平瓦和圓瓦相互組合鋪設的瓦鋪蓋。

只用平瓦並排的話，雨水會從接合處滲入，因此將圓瓦蓋在接合處的上方，避免雨水滲入接合處。

使用這樣的方式，整體看來就變成由圓瓦縱向排列的豪華房屋的屋頂，通常使用在神社、佛閣、城郭等屋頂，而住宅則極少見到這種屋頂。

平瓦　雨水會滲入
圓瓦　蓋住接合處
平瓦＋圓瓦就是本瓦！

Q 什麼是棧瓦？

A 如下圖，結合圓瓦和平瓦特點而成的S形斷面瓦片。

擁有圓瓦和平瓦各自的特徵，簡化而成的就是棧瓦，又稱文化瓦。因為
S形部分的排列很像紙拉門的棧，所以有了這個名稱。另外一個說法是
因為在屋頂上使用棧（細桿件）來固定的瓦片，而稱為棧瓦，但其實最
初並沒有使用棧，而是使用土來鋪設，所以這個說法是錯誤的。雖然神
社、佛閣、城郭、武家等建築會用本瓦鋪蓋屋頂，但是缺點便是屋頂很
重，因而使用改良後的棧瓦。

一般瓦片是用黏土燒製而成的，顏色喜歡用銀黑色、淡銀色。

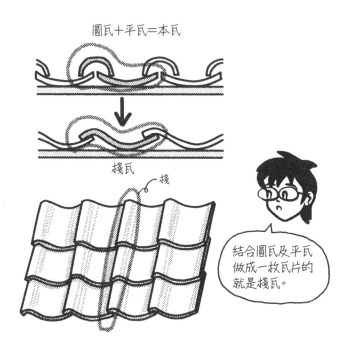

圓瓦＋平瓦＝本瓦

棧瓦

棧

結合圓瓦及平瓦
做成一枚瓦片的
就是棧瓦。

Q 什麼是勾棧瓦？

A 如下圖，在掛瓦條上以勾住的方式固定的棧瓦。

以前是在屋面襯板上堆積土（鋪蓋土）來固定瓦片，但因為堆積土會變重，瓦片也容易錯開，所以設計出從橫方向上打入稱為掛瓦條的棧（細桿件），好用來勾住瓦片。

在瓦片的內側，有個用來和棧勾住的突起，勾住之後比較不會掉落。且為了可以在棧上釘釘子，也會在瓦片上開洞。

從上方俯視瓦片，瓦片的右上和左下角會有個缺口，這是讓瓦片相互組合、堆積的設計，另外也可以使瓦片和左上方的瓦片在同一個平面上，因為在交叉的部分是四個瓦片重疊，如果沒有這樣子的設計，就沒辦法好好的重疊。

在屋面襯板上鋪上瀝青油毛氈，水從瓦片上排開後，會集中在掛瓦條的地方。而為了防止發生這樣的情形，會在縱方向上（流動方向）打上薄棧，再於橫方向上打上掛瓦條，這樣一來水就會從掛瓦條的地方往下流出。而下圖是省略掉縱向的棧的圖。

現今仍在使用的和瓦（相對於洋瓦的稱呼）幾乎都是這種勾棧瓦。

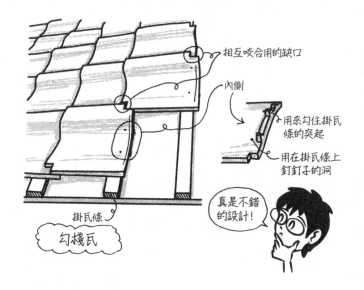

相互咬合用的缺口

內側

用來勾住掛瓦條的突起

用在掛瓦條上釘釘子的洞

掛瓦條

勾棧瓦

真是不錯的設計！

Q 如何處理棧瓦的屋簷端？

A 如下圖，使用饅頭軒瓦或是一文字軒瓦來做漂亮的收邊。

如果讓瓦片重疊部分毫不掩藏的露出，看起來不太美觀。所以就設計出用圓形將重疊部分隱藏起來的瓦片，因為形狀看起來像是饅頭，因而稱為饅頭瓦片或是饅頭軒瓦。

比饅頭軒瓦高級的軒瓦有一文字軒瓦，因為瓦片下方會呈現橫向的一直線，像是漢字的一的形狀，所以就稱為一文字瓦或是一文字軒瓦。要讓瓦片下方呈現一直線需要較高的施工精度，饅頭瓦的話只要重疊就可以了，而一文字瓦就必須要使高度完全一樣高。

一般坡度部分的瓦片是地瓦，而在屋簷端或是登板等特殊部位的瓦片（簷端瓦或邊瓦），則稱為役瓦。貼在角落的磁磚稱為役物，就是和這裡的役一樣的意思。

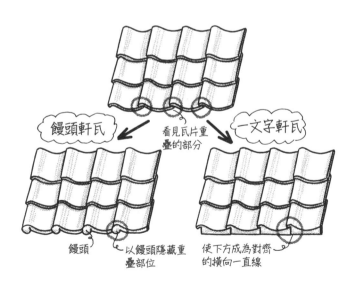

饅頭軒瓦　　看見瓦片重疊的部分　　一文字軒瓦

饅頭　　以饅頭隱藏重疊部位　　使下方成為對齊的橫向一直線

225

Q 如何處理棧瓦的登板呢？

A 如下圖，使用登板瓦來收尾。

登板就是屋頂側面的端部。只有鋪上普通棧瓦的話，可清楚的看到屋簷襯板，除了雨水會跑進去外，看起來也不美觀。

在這裡就使用特別的瓦——役瓦。因為是使用在登板的役瓦而稱為登板瓦（邊瓦），又因為變成屋頂的袖子，所以也稱為袖瓦、袖形瓦。

如下圖，登板瓦是在瓦片側面加上延伸下垂的設計，使其將側面覆蓋住，並在端部折曲，使水不會跑進去，另外可以讓瓦片和瓦片的重疊變得較美觀。

在屋簷端的瓦片也有加上像這樣子的下垂設計。在屋簷端必須完全的排出雨水，下垂部位除了可以較容易排水之外，還能隱藏內部，保護內部不讓雨水進入等許多功用。

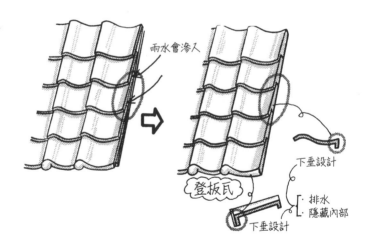

Q 如何處理棧瓦的屋脊呢？

A 如下圖，使用平瓦、圓瓦來收尾。

棧瓦若直接和屋脊接合，雨水仍會從接合部位滲入。因此，先試想在接合部位上搭載圓瓦，但只是蓋上圓瓦的話，必須用很大的尺寸，而且棧瓦和圓瓦的接合部位就變成只剩下圓瓦的厚度，雨水會容易滲入。

接著，試試將平瓦以屋簷狀伸出的方式來堆積，再於其上搭載圓瓦吧！這樣一來，棧瓦和平瓦的接合面就會變得較大、較廣，且因為平瓦是以屋簷狀伸出的方式，雨就比較不會跑進去。

在平瓦、圓瓦的內側放入灰泥。灰泥就是由石灰、麻的纖維、糨糊等製成具有防水性的土壤。在屋脊上塗上灰泥，再於其上從重疊覆蓋平瓦，最後蓋上圓瓦，並使用鐵線或銅線使其和鋪底連接不掉落。

圓瓦加平瓦的屋脊，其山牆側端部是設計上的重點，會使用稱為鬼瓦（脊頭瓦）、巴瓦等特殊瓦片將端部塞住。

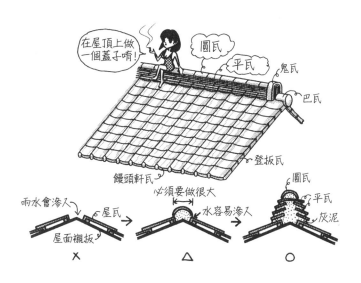

227

Q 什麼是西班牙瓦？

A 如下圖，看起來像是以半圓筒形並排而成，橘色的西班牙瓦片。

就像日本的本瓦一樣，一開始是在下方的瓦片上以半圓筒形的蓋子覆蓋住，現在使用的方式則幾乎都是將兩個瓦片做成S形斷面。

在西班牙的民房中，常常可以看到在白色的牆壁上配上橘色的瓦屋頂。因為對這種風格的憧憬，在日本也建造出類似西班牙民房的房子，但西班牙瓦本身給人的印象是比和瓦還要粗糙的。

西班牙瓦除了從歐洲進口之外，也有國產的。根據不同的製造商會有各式各樣不同的產品，所以在設計的時候必須要看型錄或樣本來做選取。

西班牙和日本的氣候不同，進口的西班牙瓦中，會有富含水分的瓦片，如果吸收水分的話，凍結時會產生爆裂，所以選擇上要比和瓦來得更慎重。

Q 除了棧瓦、西班牙瓦等黏土瓦之外，還有怎樣的瓦片呢？

A 水泥瓦、金屬瓦等。

也經常使用在水泥裡混入纖維後固結的水泥瓦，平坦的石板（colonial 等）也因為是水泥加纖維，所以也會把石板稱為水泥瓦，或是依最大製造商的名字而稱為基水瓦等。因為水泥瓦的尺寸一般比黏土瓦大，所需的工程時間也就較短。

金屬瓦是將塗裝後不會生鏽的金屬折曲成波形的瓦片。最近常常會使用鍍上鋅和鋁的鍍鋁鋅鋼板。

因為金屬瓦較輕，可以做得比水泥瓦還要大，也就可以使屋頂整體輕量化。在下圖所畫的是橫向長的產品，另外也有縱向長的產品。和金屬板鋪蓋一樣，因為容易傳導太陽的熱能，而必須要有所對策。以耐久性和造價的順序依序大致為：

　　黏土瓦＞水泥瓦＞金屬瓦

但是隨著金屬塗裝和鍍金技術的進步，有經過二十年也不會鏽蝕的瓦片，而水泥瓦和石板一樣二十年就必須重新塗裝，所以無法說哪一種方式是比較好的。

黏土瓦
・棧瓦
・西班牙瓦

水泥瓦
・水泥＋纖維
・也包含石板

金屬瓦

瓦片也有很多種唷！

Q 什麼是浪板屋頂?

A 以折曲成山形的鋼板連接而成的形狀之屋頂。

一片屋頂的支撐力很薄弱,但如下圖折起來的屋頂形式就會變得較堅固,浪板屋頂即是運用這個原理!

浪板屋頂是使用在工廠、體育館、倉庫、車庫、輕量鋼骨公寓等建築的屋頂材,在需要以便宜價格又要鋪設大片屋頂時,浪板屋頂就是一個好選擇,最近也會使用在木造住宅上。

浪板屋頂每一個折線的部分皆具有椽木的功用。支撐浪板屋頂的結構也只要在水流方向以直角放入橫材就可以了,因為浪板屋頂是以螺栓固定在該橫材上。

因為只是把鋼板折曲,鋼板會完全地接收日照射,因此也有在內部釘上隔熱材料的折板,而在表面的塗裝也是為了不會鏽蝕,都是為了加強實用性而下的功夫。浪板屋頂幾乎都是用在只有單方向的單側屋頂上,若要避免端部參差不齊,就必須要注意端部的收尾方式。

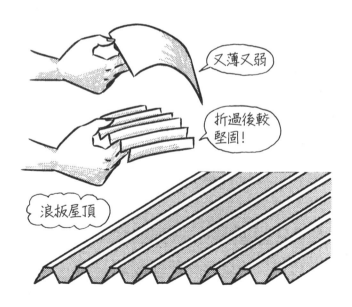

又薄又弱

折過後較堅固!

浪板屋頂

Q 石板屋頂、瓦屋頂要如何止雪呢？

A 如下圖，加上金屬扣件或使用止雪瓦片。

從屋簷端落下的雪，有可能會危害到周圍的建築物或人，所以要在屋頂上安裝可以把雪卡住的止雪鐵件。

在石板鋪蓋屋頂時，有用鋼製薄板折曲的專用金屬扣件，將其插入上方石板的下面，然後勾住石板的端部或是釘上釘子固定。

若是瓦屋頂會有附止雪功能的瓦片，只要將這種瓦片鋪設在接近屋簷的地方就可以了。而從後方在瓦屋頂上加止雪金屬物件時，先將上方的瓦片取出，再將金屬扣件勾住瓦片端部以固定。

瓦棒鋪蓋、金屬板鋪蓋的屋頂則更簡單，只要在縱向的瓦棒上，橫向打入L形斷面的鋼製桿件或不鏽鋼製的管子就可以止雪。在大量降雪的地區，需要更嚴密的止雪設計，而也有把屋頂做成內坡度，使雪在冬季不會從屋頂落到地面的技術，這種技術在北海道很常見到。

把雪Hold住就可以囉！

止雪用的瓦片

石板的止雪

瓦片的止雪

止雪鐵件

Q 哪一種屋頂或是哪些部位容易漏雨？

A 如下圖，在山谷的形狀或是直立部分較容易漏雨。

有些屋頂會組合成山谷的形狀，但因為山谷是水匯流的地方，所以建議盡量避免山谷形狀的屋頂。但若是避免不了，要謹記山谷處容易漏雨，所以必須要有可以讓水順利流出去的設計。比方說製造大型的落水管、設置多個出水口（drain，排水管），並加上節孔使落葉不會阻塞等。

屋頂和牆壁相接的屋頂直立部位也是常常出現問題的地方，必須要在牆壁側施作屋頂材或防水層等大型直立措施。

在採光用的天窗或煙囪也會有直立的設計，這些部位若沒有徹底做好防水處理，就會變成漏雨的根源。

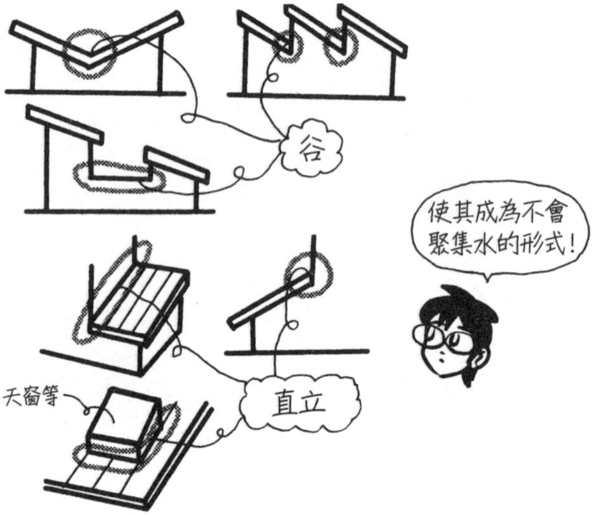

使其成為不會
聚集水的形式！

谷

天窗等

直立

Q 屋簷天花（屋簷內側）的坡度最好是怎樣的形式？

A 基本上最好是外坡度。

使水流向建築物外部是基本原則與要求，如果水是流往建築物，會容易跑進建築物內部，傷害建築物，所以應該設計為在強風中也不會使雨水跑到內側的屋簷形狀，屋簷內側的坡度如下圖，考慮的順序為：

外坡度＞水平＞內坡度

若從造型美觀與否來看，採用水平坡度為多數，但如果從防雨的功能來看，則會選用外坡度，而內坡度等於逆坡度是盡力要避免的。
單側屋頂的上部屋簷在防水上也是常常出現問題的地方，最好是能將折曲的屋簷做成外坡度，但如此一來造型就變得不好看。在屋簷天花和牆壁的接點上必須要做周圍防水層等處理。

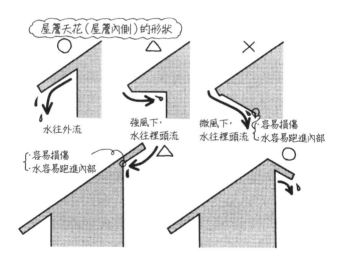

屋簷天花（屋簷內側）的形狀

○ 水往外流

△ 強風下，水往裡頭流

✕ 微風下，水往裡頭流 ‧容易損傷 ‧水容易跑進內部

△ ‧容易損傷 ‧水容易跑進內部

○

Q 鋪設在屋簷天花的板子材質通常為？

A 水泥類的硫酸鈣板、彈性板等。

由於防火的緣故，一般天花板很少會鋪設木板，大部分是使用水泥材質的板子，也有用塗上水泥砂漿的方式，但要注意容易會有油漆脫落或產生裂縫的情形。

只用水泥做成板子的話，很快就會破掉，所以加入纖維以增加黏性，以前是加入石綿，但因其為有害物質，現在改用其他的纖維來替代。在水泥類的板子中，以硫酸鈣板為最大宗，也被稱為硫鈣板。硫酸鈣板是以硫的化合物，在其中混入纖維和水泥而做成的板，具有良好的耐熱及耐水性，除了使用在屋簷天花之外，也被廣泛的使用在廚房、浴室等有水的地方，因為可以直接將釘子或螺絲釘入，工程也簡單許多。

彈性板是在水泥中加入纖維使其柔軟（具彈性）的板子。

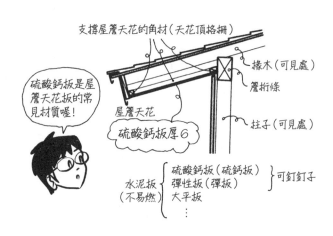

支撐屋簷天花的角材（天花頂格柵）

椽木（可見處）

簷桁條

屋簷天花
硫酸鈣板厚6

柱子（可見處）

硫酸鈣板是屋簷天花板的常見材質喔！

水泥板
（不易燃）

硫酸鈣板（硫鈣板）
彈性板（彈板）
大平板
：

可釘釘子

Q 附設在落水管上的集水器為？

A 如下圖，設置在屋簷落水管和豎向落水管的交點處，用來承接水的箱子。

 若直接將屋簷落水管（簷口天溝、橫落水管）和豎向落水管（縱落水管）相連，下大雨時水會滿出來，所以將水先集中到箱子再流出的方式，較容易引入空氣，使得流動更順暢。

大型集水器的上方較大、而下方較小，像是漏斗的形狀，而大開口處看起來像是鮟鱇魚，所以在日文裡又稱為「あんこう」（鮟鱇）。

豎向落水管落到地面上和地上的排水管相連。雨水一旦進入雨水漏斗後就會流進排水管，縱管的水先進入到漏斗裡，再流到橫管上的方式，水流較為順暢。是和在落水管上加上集水器一樣的原理。

　　屋簷落水管 → 集水器 → 豎向落水管
　　豎向落水管 → 雨水漏斗 → 排水管

因為集水器的外形不是很美觀，所以有時候會省略，這時就必須要設置更多的豎向落水管來補強。

落水管的日文：樋，因為是木字邊，可以想見以前大多都是由木頭製成的，但現在的屋簷落水管幾乎都是樹脂製，或也有將銅板彎曲製成的落水管。

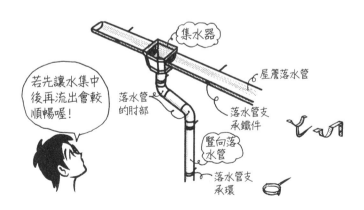

Q 什麼是內落水管？

A 如下圖，隱藏在內側的屋簷落水管（簷口天溝）。

是安裝在屋簷端內側的落水管，因為是箱子的形狀，所以也稱為箱落水管（日：箱樋），是讓屋簷端更乾淨俐落簡潔的設計。

必須要特別注意內落水管的防水。因為若是內側漏水，不只是屋簷天花板而已，連屋頂本身的結構都會被傷害。

落水管斷面的縱橫尺寸會做得較大，這是為了避免水溢出來，同時也會使用較厚的不鏽鋼或彩色鐵板降低破洞的機率。

落水管外側上部的高度比內側低，是為了在水滿出來的時候，可以讓水往外側流出的設計。

一般通常會設計好幾個豎向落水管，一個地方阻塞的話，還可以流向其他地方。而因為沒有設置集水器，在和豎向落水管的接點上，為了使水可以順暢的流通，必須要慎重的處理使水不會向外漏。

下圖是在金屬板瓦棒鋪蓋上做內落水管的例子，但一般不是如圖設置在屋簷端，而是把內落水管設置在外牆內側，通常使用在外觀為方形、較為簡潔設計的建築物，要特別注意的是，此種設計若遇到漏水的情形，水便會跑進建築物內側喔，必須要特別注意！

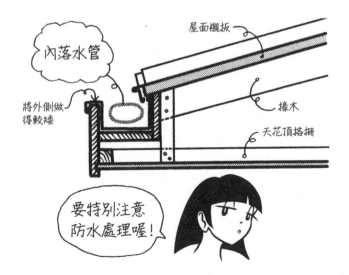

Q 如何畫出山形屋頂比例尺約 **1/100** 的立面圖？

A 會根據屋頂材的不同而有所差異，下圖是瓦屋頂的情形。

 初學者在畫立面圖時常常會忘記畫出屋頂的厚度。在山牆側上有畫出屋頂厚度，但在平側上總是會忘記畫。

屋頂的厚度是最突出的屋頂材的切斷面。有軒瓦的厚度、石板本身的端部和簷口、金屬板則是可看見簷口的厚度。在 **1/100** 的圖上，可以大致以 **50mm**（0.5mm）的厚度來畫。

在屋頂材下方可以看見的厚度，通常是用來隱藏支撐屋頂材的椽木或桁條等結構材的厚度，在山牆側稱為破風，在平側稱為封簷板。

因為破風還隱藏了桁條，所以一般比封簷板還要大，這個部分的厚度差會在兩者相接的角落上做調整。一般封簷板的厚度為 **150 ～ 200mm**（1.5 ～ 2mm）左右，破風為 **200 ～ 250mm**（2 ～ 2.5mm）左右，下圖是以一樣的厚度來畫。

在瓦屋頂的時候，屋頂表面的線以 **250mm**（2.5mm）左右的間隔畫出縱向的細線，這個線只是圖面標記、記號的意思，而實際使用的瓦片尺寸還要更複雜一點。

石板的話則以 **50mm**（0.5mm）的間隔拉出橫線，若這樣的間隔太小，讓整個圖面畫得很黑時，則調整為 **75** 或 **100mm**。

比例約1/100的立面圖

山牆側　　　　　　　　　　平側

屋頂厚度

混凝土基礎

屋頂材

將椽木、桁條藏起來

屋頂材

隱藏椽木

不要忘記畫平側的屋頂厚度喔！

注：圖的大小和標示的比例尺有所不同

Q 如何畫出山形屋頂比例尺約 **1/100** 的斷面圖。

A 如下圖所示。

即使是初學者也可以馬上畫出如左下圖有三角形屋頂坡度，梁間方向上的斷面圖，而右下圖的屋頂是水平的斷面圖，很多初學者都容易搞錯。在畫兩側屋簷延伸的部分時，要畫出屋頂(屋簷)的厚度。

根據切割位置的不同，畫出來的斷面圖就會有所不同。從切割部分上，屋頂是上升的時候，就必須畫出屋頂的可見處，因為如果再往裡面，屋頂會往上升，就會看到這個部分的屋頂。

如果切割斷面超過屋脊的話，就變成屋頂會往下降，就必須要畫出對側向下降的屋簷天花的可見處。

在畫桁行方向上的斷面時，要注意以下三點：

　　①左右水平的屋簷突出。
　　②向上升時屋頂的可見處。
　　③向下降時屋簷天花的可見處。

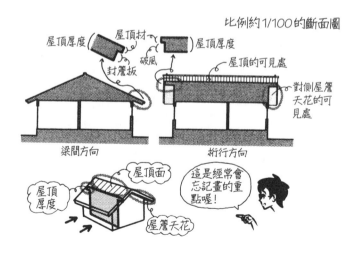

比例約1/100的斷面圖

屋頂厚度　屋頂材　　屋頂厚度
破風
封簷板
屋頂的可見處
對側屋簷天花的可見處

梁間方向　　　桁行方向

屋頂面
屋頂厚度
屋簷天花

這是經常會忘記畫的重點喔！

Q 陽台、外走廊下等平坦的屋頂可以使用木材嗎？

A 可使用不鏽鋼防水、**FRP**防水、防水薄膜等材質來建造。

不能以木頭來建造平坦的屋頂，在陽台下方絕對不可以設置房間，這都是很久以前的觀念了，因為受限於當時的技術，在陽台下的樓層建造屋頂，就得在其上設置通水的板條狀地板（為了讓雨水可以往下通過，而鋪設有細縫的板子），而現在因為防水技術的進步，木造建築也可以建立平坦的屋頂了。

最便宜的方式是使用防水薄膜。將具有彈力、樹脂製的薄布接著貼在鋪底的板上做成防水層，雖然在上面走動也沒關係，但是在外走廊下等人們頻繁通過的地方，容易將薄布摩擦損壞，另外在陽台上若有香菸的煙頭掉落，也會在薄膜上開小洞。

FRP防水（**Fiberglass Reinforced Plastics**）是指用玻璃纖維來強化的塑膠，系統衛浴等也是**FRP**製成的，先將網狀的不織布（不是用線編織成的布，而是用纖維接著或用熱接合成網狀的布）接著在鋪底板上，在上面塗上**FRP**防水劑，然後再反覆貼上不織布、塗上防水劑做成防水層，這種方法具備耐摩擦、煙頭掉落也不會破洞的特性。

不鏽鋼防水則是將不鏽鋼板焊接接合的防水工法，較不容易劣化，但是造價較高。使用在陽台等地方上時，在不鏽鋼防水層的上方會再鋪設板條狀地板。

木造建築也可以做成平坦的屋頂！

・陽台
・外走廊下
・平板屋頂

・不鏽鋼防水
・FRP防水
・防水薄膜
　⋮

Q 為什麼防水層要設置直立部？

A 為了讓水不會往外側流出。

 碗或鍋子會有邊緣，若沒有邊緣，水會容易溢出來，防水層的直立部也是以同樣的原理設計的。

直立部對於防水是非常重要的，如果隨便建造，水分很有可能會滲入防水層的外側或牆壁內部，而水若從窗框下的直立部滲入的話，下層的房間就會漏水。

窗框下的防水層以帽簷狀的窗框隔水金屬扣件來鎖住固定，並且打上具有彈力的填縫劑避免水滲入。

外側的腰牆側也有直立部，先用鎖入排水金屬物件的下方並打上矽膠材，並且從窗戶側向外設置排水坡度，排水坡度以 **1/50**（走 **50** 往下 **1** 的坡度）施作。

因為防水層需要直立部，所以以陽台的 **FL**（地板高）會比房屋的地板高還要低。若是無論如何都要和 **FL** 一樣高時，會在陽台上鋪上塑膠製的板條等部材來調整高度。

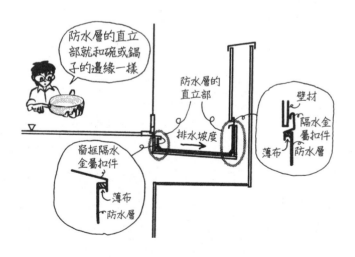

防水層的直立部就和碗或鍋子的邊緣一樣

防水層的直立部

排水坡度

窗框隔水金屬扣件

薄布

防水層

壁材

隔水金屬扣件

薄布

防水層

Q 什麼是drain？

A 從防水層使水向下或往旁邊流動的排水口。

 排水口或排水口的金屬物件，稱為drain或是roof drain。下圖是將水往下排出的類型，也有橫方向排出的樣式。

排水口材質有鋁製、不鏽鋼製、鐵製、樹脂製等各種材質，其中樹脂製的排水口被踩過後容易毀壞。

排水口是包覆住防水層，從上方戴上帽子的形狀。因為會聚集落葉或垃圾，所以一般帽頭會做成網狀，要注意的是必須定期掃除垃圾。

如果排水口的施工很隨便的話，容易會有漏水的情形。排水口和防水層的直立部是防水層的弱點，如果發生漏水情形時，最好先檢查這些部位。

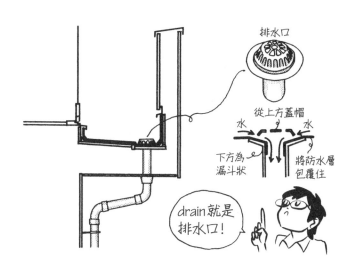

排水口

從上方蓋帽

水　　水

下方為漏斗狀　　將防水層包覆住

drain就是排水口！

Q 什麼是壓條？

A 附設在腰牆等上面部位的橫材。

壓條的日文叫作笠木，在日文裡原是當作斗笠的木材，但不是木頭也可稱為笠木。不只使用在外部裝潢，內部裝潢也會使用，例如加在樓梯腰牆上面部位的橫材也稱為壓條。

在陽台的腰牆上部一定要加上壓條。在這裡如果沒有壓條，雨水會容易跑進牆壁裡面，這是利用從上方蓋住，防止雨水進入的原理。

也有用彩色鐵板做成的壓條，但大多數販賣的是鋁製壓條。使用鋁製品的話，只要壓條接頭的防水或和牆壁的安裝得宜，就不用擔心鏽蝕。

安裝壓條的時候一般以內坡度安裝，因為如果以外坡度安裝的話，雨水會將壓條上堆積的灰塵一起往外側流出而將牆壁弄髒。在成品中也有上部是平坦的產品，但最好還是選用內坡度的產品。

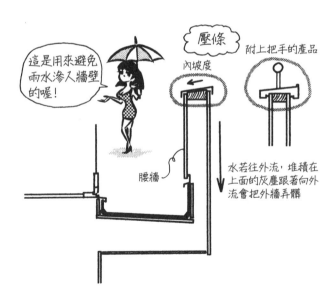

這是用來避免雨水滲入牆壁的喔！

壓條

內坡度

附上把手的產品

腰牆

水若往外流，堆積在上面的灰塵跟著向外流會把外牆弄髒

Q 什麼是鋪設雨淋板?

A 如下圖,將板子由下往上重疊鋪設外牆的方法。

因為板的斷面是向下鋪設,所以在日文裡稱為下見板,又因為一段一段
的形狀像是盔甲的表面,所以也稱為盔甲鋪設(日:よろい張り)。

像這樣子從下往上重疊鋪設的方法,和石板或瓦片等屋頂材的鋪設方式
是一樣的,重點是為了防止水跑進去而重疊設置。

直接將雨淋板重疊設置的方式為英式系統雨淋板,而將上下兩木板凹凸
嵌接成同一平面的方式,則稱為德式系統雨淋板,互相卡接的方式稱為
槽接。

在英式系統雨淋板裡,通常使用稱為押緣的細桿材從上方壓住,用釘子
將押緣固定,使板子不會掉落。

9

外部裝潢

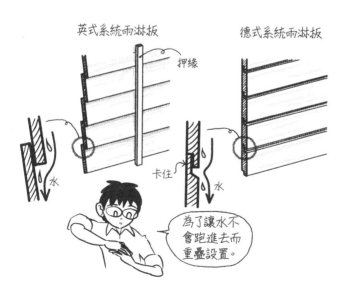

Q 什麼是雨淋板（siding）？

A 鋪在外牆上，由水泥或金屬製成的板子。

在英語的原意中，siding指的是在同一平面上鋪設的板（日：下見板或羽目板）。而在日文中則泛指以互搭、槽接等方式連接來鋪設外部裝潢的板，都可稱為雨淋板。

如下圖，以前只有通過橫接縫來橫向鋪設的普通木板，現在市面上則有在其表面加上磁磚凹凸紋路等各種圖樣的雨淋板材。

其接頭一般是和德國系統雨淋板相同的槽接方式，但也有更精進的槽接設計，使其更容易釘上螺絲且更不容易漏水的產品。雖然也有在鋪設後才塗裝的情形，但一般都是用預先加工的板，就可省去加工工程，減少工程量。

雨淋板的材料大致分為水泥類和金屬類，水泥類的雨淋板也稱為窯業類雨淋板。窯業就是在黏土或水泥加熱製成陶瓷品、瓦片、玻璃、水泥等工業，因有使用窯而稱為窯業。而水泥凝固後容易破裂，而會加入各種纖維。金屬類則主要使用鋁和鋼。

雨淋板材的厚度為12～16mm左右。在板子的情況下，約二十年便需要重新塗裝更換。

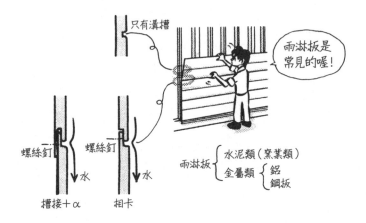

Q 什麼是鍍鋁鋅鋼板？

A 鍍上鋁鋅合金的鋼板。

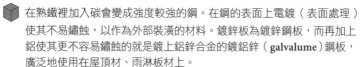

在熟鐵裡加入碳會變成強度較強的鋼。在鋼的表面上電鍍（表面處理）使其不易鏽蝕，以作為外部裝潢的材料。鍍鋅板為鍍鋅鋼板，而再加上鋁使其更不容易鏽蝕的就是鍍上鋁鋅合金的鍍鋁鋅（**galvalume**）鋼板，廣泛地使用在屋頂材、雨淋板材上。

角形波浪狀鍍鋁鋅鋼板的雨淋板材料最近廣泛地被使用。除了不易鏽蝕外，在內部放入發泡材來增加隔熱性的產品也很多。但是如果產品破損會容易從傷口處鏽蝕，所以在拿取、安裝的時候要特別注意。

接頭也有如下圖，在槽接上有二枚如薄刃般的突起和加上橡膠填料的產品。使用這種方式，鋼板可以水平或垂直方向搭接使用。

不同於普通曲面的角形波浪狀讓人有鮮明的印象，搭配上塗裝的顏色，經常使用在建築師所設計的現代化風格居住空間。

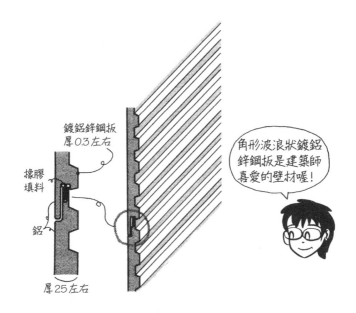

鍍鋁鋅鋼板
厚0.3左右

橡膠
填料

鋁

厚25左右

角形波浪狀鍍鋁鋅鋼板是建築師喜愛的壁材喔！

Q 什麼是ALC板？

A 輕量發泡混凝土板。

ALC就是 **Autoclaved Light-weight Concrete**，直譯的話就是「發泡輕量的混凝土」，一般稱為**ALC**。

ALC板的特性就像是浮石（輕石）般，在板內部聚集許多氣泡，這個部分使得它比混凝土還要輕許多，而且較不易傳達熱，用鋸子就可以簡單地切斷，木工用的鑽孔機也可以很容易地在上面開孔，又因為是浮石，所以耐熱性高，但是也有容易缺損、碎掉等缺點。

木造建築用的**ALC**板厚度有**35**、**50mm**等規格，而在鋼骨結構建築中常用的厚度大約是**100mm**。

ALC板大多為鋪設完成後再塗裝的板，也有在表面上以磁磚狀美化的產品，和加上凹凸紋路的產品等。

如下圖的橫向鋪設，在柱子和間柱上用螺絲固定，而若是縱向鋪設的時候，除了柱和間柱之外，相連的部分還需要橫材，將螺絲的頭隱藏在ALC板上的洞，再從上面用水泥砂漿填滿蓋住。在板和板之間打上填縫劑使水不會滲入。

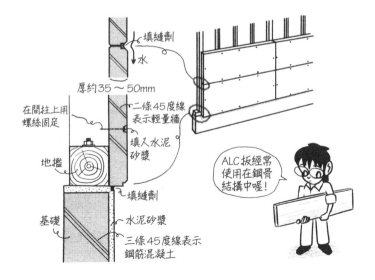

Q 什麼是填縫劑？

A 具有接著性、伸縮性的樹脂材料，用來填充接縫等。

雨淋板材在橫接縫上以槽接的方式來防止水滲入，但在縱接縫上就不能這麼做。所以除了使用金屬材質、造價高的雨淋板材之外，縱接縫還須以填縫劑來填充，使水不會滲透進去，也有在縱橫兩方向的接縫上都以填縫劑來填充的雨淋板材。

寬20mm左右的接縫用填縫劑來填充。填縫劑一般會填入圓筒狀的容器中，再放到專用的填縫槍裡按壓擠出來使用。而為了使其不超出接縫，通常會在接縫兩側貼上封口膠帶來施工。

填縫劑有氨基鉀酸酯類、丙烯酸類、矽類、聚硫化物類等，會依材質、可否塗裝等來選擇。

填縫劑也有被稱為seal材、coking材、caulk材等。seal有封印、從上方堵塞等意思，而caulk則也有堵塞隙縫等意思。

以黏稠的填縫劑來防止水滲入。

封口膠帶

填縫劑

填縫槍

Q 以雨淋板材的接頭為例，在隙縫寬會變動的狀況下，填縫劑該用二面接著還是三面接著？

A 以二面接著來施作。

如左下圖，除了雨淋板材之外，背後的鋪底材上也黏著填縫劑的話，當隙縫寬變大的時候，填縫劑就沒辦法伸長，而有可能發生某一邊分離、或在鋪底和雨淋板材之間產生破裂。

因為背後黏著使其沒辦法伸縮自如，如右下圖，只要把後面的連接切斷就可以解決這個問題，切斷的這個邊緣的物件稱為背襯墊（**backup**材）或連結破壞膜（**bond breaker**）。

把海綿狀、光滑帶狀的材料填入接縫底部，再填入填縫劑的話，只要在二面接著就不會容易分離或破損。

具有厚度、海綿狀的東西稱為背襯墊，沒有厚度、袋子狀的東西則稱為連結破壞膜（**bond breaker**），但有時也會把二者名稱混用。

像雨淋板材相互的接頭、雨淋板和窗框的接頭等會變動的接頭，稱為**working joint**。**working joint**一般都是二面接著。

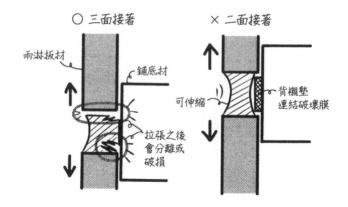

Q 使用雨淋板或ALC板等鋪設的時候，陽角該怎麼做？

A 使用陽角用的特殊功能物件或角落金屬扣件來收尾。

在角落上有陽角（outer corner）和陰角（inner corner），也就是指建築物的轉角處向外凸，或是向內凹。

在陽角的部分，板子的切斷面會外露，不只不美觀，還會有切斷面的耐久性、強度會變差的缺點。在美化過的雨淋板上就必須在切斷面的部分塗裝。

因此，可以使用角落專用的L形雨淋板材，較寬大的L形雨淋板材造價較高，且搬運不方便，所以大多為小的L形雨淋板材。而L形的兩邊以填縫劑來連接。

像這樣子使用在特殊部位上的L形板或磁磚等就稱為特殊功能物件。若要比特殊功能物件更省錢，便可使用角落金屬扣件。從兩側將板子插入收納的東西，也有只將用填縫劑固定處隱藏起來的L形金屬扣件。

在陰角的情況下，因為板子的切斷面不會外露，所以大部分就依照原樣不加工，但仍然會使用填縫劑。

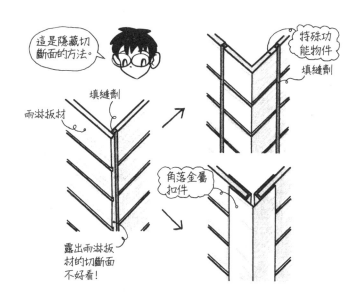

這是隱藏切斷面的方法。

填縫劑

雨淋板材

露出雨淋板材的切斷面不好看！

特殊功能物件

填縫劑

角落金屬扣件

Q 什麼是托木？

A 為了固定牆壁的板材而打上的桿件。

押緣是用來壓住雨淋板的細桿件，托木則是打在柱子或間柱軀幹上的細桿件，使用24mm×45mm或18mm×45mm等細桿件。

一般是以高455或303mm左右的間隔距離橫向釘上，也被稱為橫托木，就可以在上面用釘子或螺絲固定雨淋板材等板子。

也有不使用托木而直接在柱子或間柱上釘上板子的情況，但是柱子和間柱的表面就必須是平滑且一致的。

板子的接頭一定會在托木上，在縱的接頭地方也放入縱方向上的托木，就稱為縱托木。如下圖，也有同時放入橫托木、縱托木兩個方向的情況。

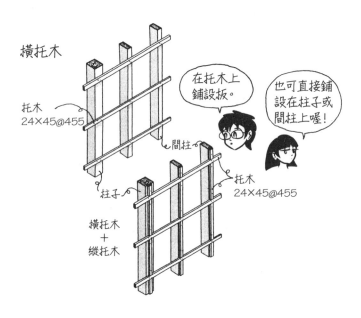

Q 什麼是壁體內通氣層？

A 在壁材的內側製造出使空氣流通的空間。

為了使受日照而變熱的外牆溫度不會傳入室內，另外讓室內水蒸氣能容易往外排出，因而建造通氣層。

夏天時太陽直接照射外牆，使得房屋內部的空氣變熱，因為變熱的空氣會變輕往上升，將熱空氣導引到屋頂內部，並且使其從山牆側的換氣孔向外排出，便是將熱往外送的設計。

由於橫托木會阻止空氣向上流通，所以釘上縱托木，而縱托木厚度部分的空隙就作為通氣層。

在通氣層的內側貼上以樹脂或瀝青做成的防水薄膜，防止雨水滲入。

並且在通氣層的內部貼上隔熱材，隔熱材就是阻絕熱傳遞的材料，或是在隔熱材的內側貼上防濕薄膜。因為水蒸氣跑進隔熱材內部會導致結露（內部結露），在壁材和隔水金屬扣件之間留空隙，使空氣可以由下方進入，隔水金屬扣件上方的間隙和通氣層相連，而下方的間隙則和地板下方相通。

　　隔水金屬扣件上方 → 朝通氣層
　　隔水金屬扣件下方 → 朝地板下方

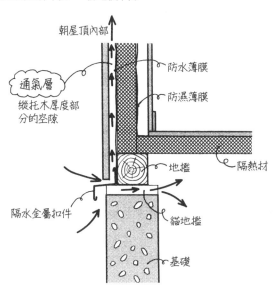

Q 設置通氣層的時候，在窗戶的地方該如何設置縱托木呢？

A 如下圖，為了使空氣能夠流通，將縱托木稍微切除。

如果將縱托木固定到連接窗框的地方，空氣就沒有出入口，空氣也就無法流通。所以在縱托木和窗框相接的地方切除部分縱托木，製造出空氣的出入口。

因為變熱而變輕（膨脹）的空氣會往上流動，只要在窗戶的上下方沒有堵住橫向的通氣層，空氣就可以流通。其工程的順序為：

　　①將窗戶的窗框安裝在間柱等部材上。
　　②在基礎上方的地檻設置隔水金屬扣件。
　　③貼上防水薄膜。
　　④打上縱托木（在窗戶的部分稍為分開）。
　　⑤鋪設雨淋板等的壁材（和隔水金屬扣件的上方稍為分開）。

為了建立通氣層而設置的托木，稱為通氣托木。相同地，只用作通氣層的椽木也稱為通氣椽木。

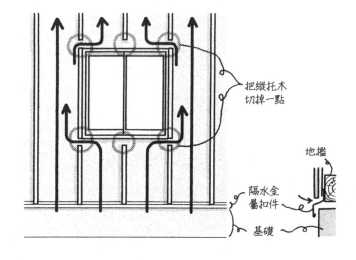

把縱托木
切掉一點

地檻

隔水金
屬扣件

基礎

Q 什麼是 lath？

A 塗裝牆用的金屬網。

金屬網有用金屬線（wire）編製而成的鐵線網（wire lath）和在金屬板上畫上切割縫使其展開的金屬菱形擴張網（expanded metal）。

在水泥砂漿或灰泥等塗裝牆的鋪底上張設金屬網。由於塗裝牆會隨著乾燥或鋪底的變動而容易產生裂縫，為了防止這樣的龜裂，並防止塗料剝落，而將其塗在金屬網上。

lath 也有指裝設在塗裝牆或屋頂鋪底上的薄細長板，也就是木摺的意思。在英語中，lath 可以指金屬網或木摺，但是在日文中的 lath 只有指金屬網。

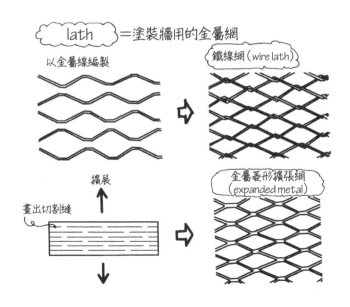

lath ＝塗裝牆用的金屬網

以金屬線編製　　　　鐵線網（wire lath）

擴展

畫出切割縫

金屬菱形擴張網（expanded metal）

Q 什麼是木摺？

A 在塗裝牆的鋪底上，取等間隔鋪設的薄細長板。

將 **12mm×90mm** 左右的薄長板依橫方向以等間隔鋪設，用間隔隔開是為了讓塗裝的濕氣能夠排出，並讓塗裝牆較不容易剝落。

木摺翻成英語就是 **lath**。在內部裝潢為塗裝牆的時候，會有不使用金屬網，而直接在木摺上塗裝的情形，這個時候因為板與板之間有間隔分開，所以這個部分也要用塗料封上。

現在會在木摺上再掛上金屬網，使塗料更不會剝落，也更不容易破裂。這個金屬網就稱為 **lath**，而為了與木摺作區別，則稱為 **metal lath**。

如下圖，外牆的灰漿塗墁是將木摺用釘子釘在柱子和間柱上，並將防水薄布和金屬網（**lath**）用自動釘著機固定住，再於其上塗上 **25～30mm** 左右厚的灰漿，像這樣子灰漿的牆壁稱為金屬網灰漿塗墁，簡稱為金屬網塗墁。

因為此塗裝方式容易產生龜裂、且使用雨淋板材的工程又比較輕鬆等理由，最近使用金屬網灰漿塗墁的工程有減少的趨勢。

一般使用如灰漿或含水的工程稱為濕式；而像雨淋板鋪設、沒有使用水的工程，則稱為乾式。

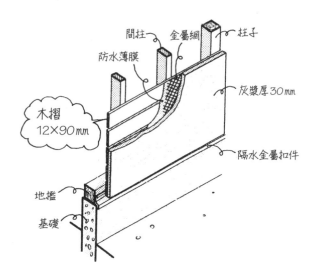

Q 為什麼有時會將木摺以45度鋪設呢？

A 為了達到斜撐的效果。

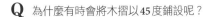 將木摺以45度鋪設的話，就和在牆壁內放入斜材的意思一樣，雖然不像斜撐一般粗，但因為數量多，整體而言就能達到一定的效果。

放入許多斜材的話，柱子就比較不會倒塌，且可以三角形來抵抗地震、颱風等的橫向力而不致變為平行四邊形，也就是使其面剛性變強。為了對結構產生效果，木摺的長度就必須要可以直接從一根柱子跨到另外一根柱子上。如果只是和中途的間柱連接的話，就無法產生效果，所以必須要一根根長部材，又因為以45度切斷，會產生許多不完整的部材，會比橫向鋪設需要更多的材料。

「木摺12×90、以30mm間隔鋪設、45度鋪設」等標記在圖面上指的是木摺不要完全連接在一起，而以30mm的間隔來鋪設的意思。間隔鋪設也會出現在天花板的鋪設方法裡，在這裡先記住吧！

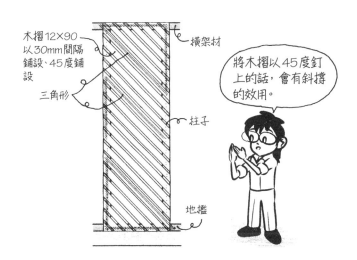

木摺12×90以30mm間隔鋪設、45度鋪設

橫架材

三角形

柱子

地檻

將木摺以45度釘上的話，會有斜撐的效用。

Q 日文中的噴塗磁磚是磁磚還是塗裝呢？

A 是塗裝。

 在水泥砂漿面、混凝土面上加工的時候，常常使用噴塗磁磚。如果表面材質只有水泥砂漿的話，水會滲入，而將表面弄成光滑、具有防潑水效果較不會弄髒，也較不會破壞到水泥砂漿本體。

噴塗就是用壓縮空氣推出塗料，使其成為霧狀噴出附著的意思，和以噴霧罐或噴槍來塗裝是一樣的原理，而因為是用噴槍噴出，所以在日文中又稱為「ガン吹き」。

既然是塗裝，為什麼會稱為噴塗磁磚呢？那是因為在塗裝表面上有光澤和凹凸模樣，就像是磁磚表面的緣故。只是和真正的磁磚相比的話，還是較容易附上髒污，塗裝後十五～二十年必須要重新塗裝，且當水泥砂漿出現裂縫的時候，塗裝表面上也會出現裂縫。

市面上有各式各樣樹脂類的塗料商品，並且已開發出具有彈性，對於建築物的裂縫或變動可以伸縮應變的塗裝材料，稱為彈性水泥。

一開始先塗上鋪底層，再於上方噴塗塗裝，有時也會使用凹凸不平的滑軌，為塗裝表面增添紋路，可以做成柚子表皮、月球表面、石頭紋理等各種紋路。

可以把粗糙的肌膚變光滑唷。

噴塗磁磚→塗料的噴塗

壓縮空氣

MASKING

Q 什麼是石頭漆噴塗？

A 可以在表面上做出砂壁狀顆粒感，合成樹脂或水泥類的噴塗加工。

和噴塗磁磚一樣是利用壓縮空氣，以噴霧的形式噴在水泥砂漿的牆壁的加工，稱為石頭漆噴塗、噴塗石頭漆等。

噴塗磁磚是光滑的表面，凹凸紋路也是較大的，而石頭漆的表面則是像小砂礫，有粒子顆粒的突出。用手去摸的話，噴塗磁磚會給人光滑的觸感；但石頭漆則有顆粒粗糙的手感。

石頭漆噴塗是在丙烯樹脂、矽膠、水泥等中混入細小的碎石製成的。因為這個顆粒狀使得表面成為柚子皮狀、砂壁狀，讓建築物看起來有了素雅的表情。

用混合了細碎石的水泥砂漿塗裝，在完全凝固前以刷子等工具在牆壁表面刷過的方法，就稱為石頭漆刷塗。因為這個工程很費工，所以大多使用石頭漆噴塗。

除了噴塗磁磚、噴塗石頭漆之外，還有噴塗灰泥。使用灰泥（stucco）的時候是做成厚的塗膜，凹凸紋路也是比較大的，在噴塗後用刷子或滑軌刷出凹凸紋路。因為塗膜較厚，比噴塗磁磚、拭塗石頭漆更有顆粒和砂土的感覺。除了這些以外，還開發出各式各樣的產品。

石頭漆噴塗

小小的顆粒狀

像橘子或柚子的外皮、也像沙子一樣…

Q 使用在外牆的磁磚通常是哪一種材質？

A 瓷器材質的磁磚。

水變成冰的時候體積會變大、密度變小。而陶有吸水性，水若滲入陶器的內部，凍結膨脹後會破壞磁磚，所以外牆的磁磚不使用會吸水的陶器，而改以用不吸水的瓷土。

瓷器和陶器的分別是在於成分中黏土、珪石和長石的含量、還有燒結溫度等。根據這些成分的含量，瓷器被稱為「石器」，陶器則被稱為「土器」。

沒有吸水性，較不會附著髒污的瓷器最適合當作食器，這個和外牆磁磚是一樣的。陶器材質的磁磚則較常使用在建築物的內部和不會碰到水的地方。

設計時不用特別註記在外部裝潢要用瓷質瓷磚，在內部裝潢沒有碰水的地方就用陶質瓷磚，因為在磁磚製造商的型錄上就會註明是使用在外部的牆壁或內部的功能。地板用的磁磚有防滑、較厚且較不會破等特性，有許多不同特徵的磁磚，先看型錄之後索取樣本，再來決定設計使用的款式。

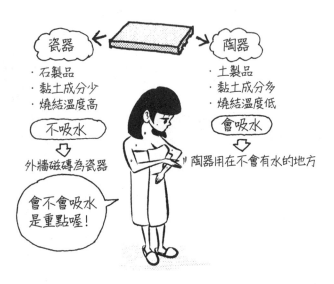

Q 如何貼磁磚呢？

A 塗上水泥砂漿後，壓上磁磚後貼住。

在「木摺＋防水薄布＋金屬網」的鋪底上方塗上水泥砂漿。通常會將水泥砂漿分成底塗墁、中塗墁、上塗墁等數次程序，若是一次就塗很厚，容易造成裂縫產生。

水泥砂漿是水泥和砂約以1：3的體積比混合再加上水的材料，若再加入砂粒就變成混凝土了。因為水泥砂漿有接著劑的效果，所以可以將磁磚固定在牆壁上，磁磚的內側為凹凸狀就更不易掉落。

磁磚是用手壓上貼住的，但也有用木槌敲的方式。因為磁磚是以壓的方式接著，所以也稱為壓著貼裝。

磁磚的貼裝方法是在打底時塗上水泥砂漿後壓貼，另外還有在鋪底和磁磚兩部分上都塗上水泥砂漿的改良壓貼等多種方法。

也有在牆壁裝上不鏽鋼的輪軸，再用輪軸滑過以固定磁磚的乾式工法。這樣一來磁磚較不會掉落，施工也較容易，但因為要有用來嵌入輪軸的溝槽，所以磁磚會變厚，且需要很多個輪軸，造價也就會變高。

Q 貼在角落上的特殊磁磚稱為什麼？

A 稱為轉角形磁磚（日：役物）。

非平坦的磁磚，且變形成L形等的特殊磁磚就稱為轉角形磁磚。在日文裡，役物不只是專指磁磚，而是在指特殊形狀的物品時普遍使用的用語。

用一般磁磚貼在角落部位的話，磁磚的斷面（厚度）會露出，若要用平物隱藏斷面口貼在角落的時候，將平物的一端以45度切斷，使二個磁磚可以相合相接，這樣的角落收尾方式稱為背切。使用背切的方式較費工，且如果45度的切割沒有很精確，反而會露出不好看的部分。

和一般磁磚相比，轉角形磁磚造價較高。需要折曲的部分會使得造價增加，又因為容易壞掉，運輸、保管、施工的費用也會增加。

若為了降低費用而不採用轉角形瓷磚，就只能以塗裝的方式來作處理。

相反地，也有只在角落部分貼磁磚的方式，因為整面都貼上磁磚的費用高，因而選擇只在角落貼上磁磚。

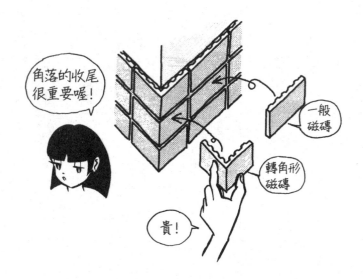

Q 什麼是外部鋁窗？

A 指窗框整體突出柱或間柱外側的鋁窗。

在和室中常有在內部露出柱子作為裝飾的設計，或是將紙拉門收在柱子的內側。紙拉門若放入內側，鋁窗就必須要設置在柱子的外側，就是因為窗框設置在柱子外側，所以這樣收邊的窗框就稱為外部鋁窗。

在和室中設置拉窗時，若想讓柱子看起來美觀就使用外部鋁窗。由於在沒有放入紙拉門的情況下，將窗框固定在柱子內側會變得不好看，所以將窗框設置在柱子外側，便可以讓柱子整體看起來較為美觀。

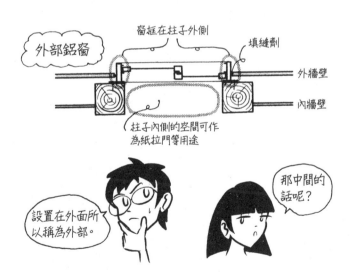

Q 什麼是半外裝鋁窗？

A 窗框的一半突出在柱子或間柱外側的窗框。

 雖然是說窗框的一半，但並非精確的一半，而是約有一半突出柱子外。

然而一般在洋房並不會設置拉窗，也不會將柱子當作設計的一部分而露出，所以窗框往柱子的內側吃進一點也沒關係。

但如果完全設置在柱子內，和外側牆壁的收邊就會變得比較麻煩。外牆折曲成L形，窗戶周圍的牆壁就必須要凹陷進去。內部鋁窗很少見就是因為外牆的收邊較難。

若要讓外牆上的雨淋板材剛好能抵住窗框來收尾，窗框就必須要比雨淋板材還要向外側突出。若想在柱子上固定窗框，並將窗框突出到外牆材外側的話，就變成了半外裝鋁窗。

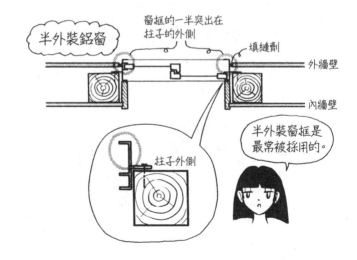

半外裝鋁窗

窗框的一半突出在柱子的外側

填縫劑

外牆壁

間牆壁

柱子外側

半外裝窗框是最常被採用的。

Q 為什麼窗框大多比雨淋板材還要向外側突出呢？

A 因為要讓雨淋板材能夠碰到窗框。

在設計板類的收邊時，一般都是以抵住建築物某部分的方式來固定板子，如果這個讓板子抵住的部材沒有較為突出，就沒辦法確實的將板類收邊，而突出的距離就稱為錯位。錯位的正確定義是在平面上相互平行時、兩物體間的距離。若沒有取錯位而要在同一個平面上收尾時，雨淋板材就必須和窗框的外層面以完全平坦的方式固定，不能有誤差，因此會增加收尾難度。

左下圖就是雨淋板材比窗框還要突出外面的情況，因為沒辦法直接讓雨淋板材和窗框碰上，所以必須在窗框的前面折曲，如圖中加上一個小板子形成L形。使用L形的物件，既增加工作時間，且增加填縫劑的使用而變得容易漏水。

也有為了讓窗戶的雕刻看起來較深，而故意將窗框收邊在柱子裡頭，這個時候，為了讓角落看起來美觀，會使用水泥砂漿等來建造牆壁。

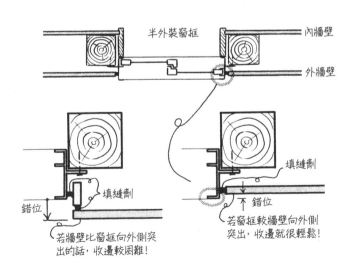

半外裝窗框　　　內牆壁

外牆壁

填縫劑

錯位

若牆壁比窗框向外側突出的話，收邊較困難！

填縫劑

錯位

若窗框較牆壁向外側突出，收邊就很輕鬆！

Q 為什麼窗框外側的框會採用複雜的形式呢？

A 為了增加防水性、氣密性，並且增加強度的緣故。

下圖是純粹畫出窗框的外框圖，左下圖表示窗框的左右側，右下圖則表示窗框的下側。

左右方向的框在板窗的兩側和板窗的溝上有三枚像刀刃般的突出，在板窗的一側上有溝和刷毛等設計，是為了讓水或空氣較不容易通過；而在下方的框上，為了讓水可以向外排出而設計向下的段差。由於有讓門滑輪滑動、拉開方向不同的板窗（向左右滑開的二塊板窗）的需求，因此設置二塊板窗和網窗而設有三個滑軌。另外也會有設置雨窗或百葉窗的滑軌，這個滑軌為了讓水可以往兩端流出，會在抵達左右兩邊的框之前被切斷。

這些設計除了上述用途外，也是用來保持鋁窗框本身強度的凹凸設計。

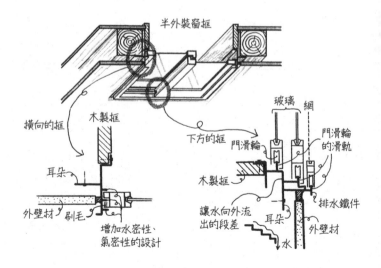

Q 為什麼要在窗框上加上耳朵？

A 為了讓窗框容易固定在柱子等物體上，並增加防水性、氣密性。

木造建築的窗框，是由柱子或間柱的縱材、上下方的橫材所形成的木框中，再放入窗框固定的，由於可以在耳朵釘上釘子或螺絲，因此在上述狀況下即可輕鬆固定窗框。在窗框的外側加上**30mm**的耳朵，就是為了使固定變得輕鬆，且因為在柱子上設置耳朵，柱子和窗框之間就不會有縫隙，將防水薄膜蓋在窗框的耳朵上，再於其上鋪設背襯墊，水就不會跑進窗框和柱子之間了。為了防止水或空氣進入柱子和窗框的間隙中，而以在柱子上戴上耳朵的方式來做事前防範。

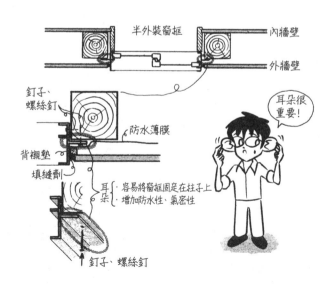

Q 固定窗框時，在柱子等處打上的墊片是什麼？

A 用來作尺寸的微調整而釘上的部材。

墊片在日文中稱為飼物或飼木，是夾在兩個材料之間，用來調整間隔尺寸或是填補間隙而打上的部材，在工地現場到處都用得上墊片。

以柱子、窗楣、窗台做成四角形，在其中固定窗框。窗楣和窗台都是部材的名稱，以橫方向設置與間柱大小相同的角材。

在做好的四角形中直接放入窗框，鮮少有剛剛好吻合的情況，如果要做成剛好的尺寸，工程效率會變差，所以這時就是墊片登場的時候了！

木造建築標準窗框尺寸為可以放入寬1間的柱子裡的窗框，大多都商品化了。雖說是1間，但也有1,800、1,818、1,820mm多種尺寸，另外柱子的大小也有105mm見方、120mm見方、300mm等各種尺寸，為了應付所有的尺寸，將窗框做得比較小一點。把較小的窗框放入柱間時，就在空隙間填入墊片。

根據外牆的樣式，必要時微調整窗框的露出尺寸。托木為多少mm，通氣層為多少mm，雨淋板材為多少mm等，都是根據這個厚度，決定窗框從柱子露出的長度，再以墊片微調固定。

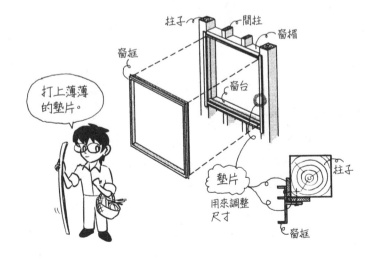

打上薄薄的墊片。

柱子
間柱
窗楣
窗框
窗台
墊片
用來調整尺寸
柱子
窗框

Q 為什麼要在窗框內側加上木製框呢？

A 用來隱藏柱子或壁板的斷面，較為美觀。

窗框的寬為約**70mm**，相對於牆壁的厚度有**160mm**，將窗框較外側稍微
突出（取錯位）裝設的話，牆壁內側大概還有約**90mm**的空間。

90mm左右的空間如果不再處理，內牆壁板的切斷面和柱子就會露出，
而為了隱藏切斷面，有①加上木製框，②將壁板以**L**形環繞等方法。

壁板就是石膏板，因為是用石膏製成，如果轉成**L**形的話，角落就會容
易有缺損，而為了不使其有所缺損，會在角落貼上**L**形的塑膠棒來補
強。一般像①加上木製框是較安全的收尾方式，以**25mm**厚的板做成
框，即使被家具撞到也不易毀壞。木製框的上面和左右稱為額緣，下面
則稱為膳板，因為有時會在下面的板子上放東西，所以會用不一樣的材
料來製作。

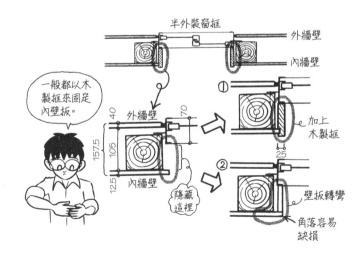

Q 為什麼要將木製框取錯位，使其比壁板還要突出呢？

A 為了讓壁板可以抵到木製框藉以固定，並使其美觀。

木製框通常比內裝的壁板還要向外突出約**10mm**。如果做在同一平面上，壁板有一點點彎曲的話，它就會比木製框還要往外突出，比較不美觀；但如果木製框有較往外突出**10mm**的話，壁板就不會突出外面了，和將窗框比雨淋板稍微突出是幾乎一樣的意思。

像這樣子不同平面之間的距離就稱為錯位。在板和框接觸的地方取錯位來收邊是最基本的方式。

一般會在木製框上鑿出可以讓壁板插入的溝槽，壁板如果插入木製框裡的話，不管壁板怎麼動，都不會從木製框突出到外面來，如果沒有做插入而只是抵住的話，經過長時間後，壁板和框之間就會產生縫隙，變得不美觀。

在日文裡，木製框的左右和上方稱為額緣，下方則稱為膳板，但中文則通稱為窗框。木製框的厚度常常使用**25mm**。

　　木製框的錯位（從牆壁突出的長度）→ **10mm**
　　木製框的厚度 → **25mm**

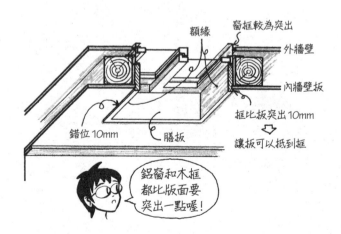

額緣　　　窗框較為突出

外牆壁

內牆壁板

框比板突出10mm
⇩
讓板可以抵到框

錯位10mm　　膳板

鋁窗和木框
都比版面要
突出一點喔！

Q 開窗方向不同的窗框，在比例尺 1/20、1/50、1/100 的平面圖上怎麼畫？

A 如下圖所示。

在 1/10 ～ 1/20 左右的圖面上，窗框、木製框、墊片、填縫劑、錯位、牆壁材等要素可以分別畫出，而在 1/50 的圖上，個別的厚度必須要單純化才可以，另外在 1/100 的圖上，除了柱子以外幾乎都不用畫。以 CAD 把全部的要素都畫出來之後，再以 1/100 的比例來看，圖面會變成黑黑的，所以要先知道平面圖的比例尺後再來畫是很重要的。

先瞭解細節的部分，就從 1/10、1/20 開始來畫，當有了初步印象之後，下一個階段就是要思考，如何在 1/50 或 1/100 的圖面上省略不必要的東西。

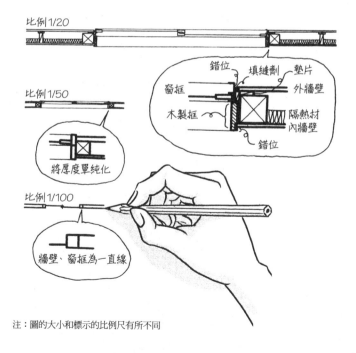

比例1/20

錯位　填縫劑　墊片
窗框　　　　　　　　外牆壁
木製框　　　　　　　隔熱材
　　　　　　　　　　內牆壁
　　　　錯位

比例1/50

將厚度單純化

比例1/100

牆壁、窗框為一直線

注：圖的大小和標示的比例尺有所不同

Q 鋁窗的拉窗（日：障子）、框分別是指什麼？

A 可以動的窗戶部分為拉窗，而在玻璃周圍構成窗戶的外圍部材稱為框。

拉窗一般是指在和室內裝中所使用的紙拉門，但在鋁窗中也把會動的窗戶稱為拉窗。

另外，鋁窗玻璃周圍的框，上面的稱為上框，左右的框稱為縱框，下方的框為下框，中間的框則稱為中框，紙拉門的上下左右的框也是如此稱呼。

一般下框會比上框和縱框還要粗，這是為了承受玻璃重量以及隱藏窗滑輪的重要設計。另外在地板材的端部上架設水平放置的條狀裝飾材也稱為框。而在玄關的出入口架設的水平材為向上框，在地板間有段差的地方設置的水平材稱為地板框。

鋁窗中會動的窗戶稱為拉窗，周圍的桿件則稱為框喔！

上框

縱框

中框

下框

Q 什麼是浮式平板玻璃（float glass）？

A 浮在熔融金屬上製成，最普及的透明板玻璃

float 就是浮起的意思，將融化的玻璃浮在融化的金屬（錫）上（float bath），以做成平滑的玻璃。以前是將融化的玻璃從鐵板上流過，而後開發出浮在熔融金屬上的作法，可製成更平滑的玻璃。

浮式平板玻璃（float glass）也稱為浮式玻璃、普通板玻璃、透明玻璃等，厚度有 2、3、4、5、6、8、10、12mm 等多種。在住宅或公寓的窗玻璃上大多使用 5mm 厚的透明玻璃。

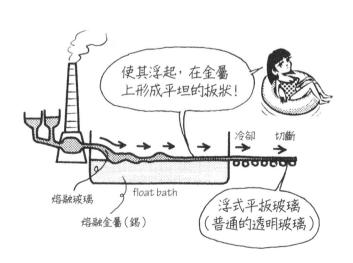

Q 什麼是毛玻璃？

A 在玻璃的單側加上凹凸的樣式，變成不透明的玻璃。

毛玻璃是透過 **float bath** 製成的玻璃再通過滑軌，用滑軌在玻璃單側加上樣式。因為在玻璃的單側上有凹凸不平的樣式，所以玻璃就變成不透明的。光可以透過去，但是通過玻璃後看不見內部的形狀。

一般廁所、浴室的玻璃等都是使用毛玻璃，或是會在陽台窗戶上方用透明玻璃，下方則用毛玻璃的方式。

另外不透明的玻璃還有磨砂玻璃（**frosted glass**），是將砂或研磨劑噴附在玻璃上，製造小傷口做成不透明的玻璃，稱為 **sandblast**（噴砂），就像是以前的雲玻璃，雖然可以呈現出比毛玻璃更細緻的質感，但是造價較高，所以現在還是以毛玻璃較為普及。

毛玻璃是無法讓視線穿透的玻璃喔！

凹凸的樣式

Q 什麼是複層玻璃、膠合玻璃？

A 複層玻璃就是在中間放入空氣，隔熱性佳的玻璃；膠合玻璃則是以玻璃將樹脂夾合成三明治狀，做成較不容易破裂的玻璃。

複層玻璃也稱為 **pair glass**，是在玻璃和玻璃之間封入空氣的玻璃。空氣較不容易傳達熱，且在狹小的空間中也不容易形成對流，所以隔熱性極佳。

兩塊玻璃是以墊片（保持間隔的部材）和填縫劑固定，並在內部封入空氣。如果空氣裡混雜了許多水蒸氣，玻璃的內側就會出現水滴，所以必須先確認空氣乾燥後再封入，或是在內部放入乾燥劑。

膠合玻璃是將樹脂等材質以三明治的方式製成較不容易破裂的玻璃，因為具有不易打破、較安全的特性，也被稱為防盜玻璃。

另外，也有在內層使用複層玻璃，而在外層使用膠合玻璃的方式，也就是同時具有防盜性和隔熱性的玻璃。

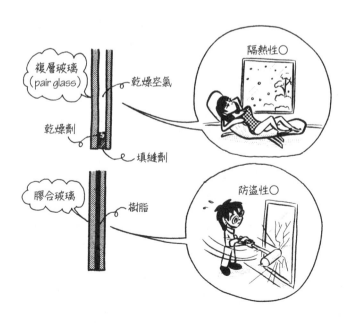

Q 什麼是鐵絲網玻璃？

A 放入網狀鐵網的玻璃，即使在火災發生玻璃破裂的時候，碎片不會掉落且玻璃也較不會破洞。

 如下圖，以直橫正方形狀放入的交叉格網，也有將其傾斜45度成菱形狀的菱格網，將網子放入玻璃的正中央，而厚度只有6.8mm一種。

鐵絲網玻璃即使破裂，碎片也會因為有網子的牽制而比較不容易掉落。在容易發生火警的場所中，一定要使用鐵絲網玻璃，因為玻璃若有破洞，火就會從破洞入侵，向其他地方延燒。

鐵絲網玻璃雖然放入了鐵網，但不具防盜性。敲擊時，因為有細格網的網子，玻璃碎片不會掉落，只要用手將破裂的玻璃推開，就可以容易將手伸進裡面打開門鎖。

因為網子是鐵線製成的，和玻璃的膨脹係數有所不同，當受到太陽照射而膨脹時，膨脹係數不同的話會破裂，這就是熱破裂。

另外也因為網子是鐵製的，如果水跑進玻璃的切斷面會導致生鏽，鏽蝕而膨脹後，玻璃會破裂，這就是鏽蝕破裂。

另外還有非縱橫交錯的網狀，而是只有從縱方向或橫方向放入鐵線的玻璃，這個就稱為線玻璃，雖然有少許防止玻璃破碎飛散的用途，但不具備防火的功能。

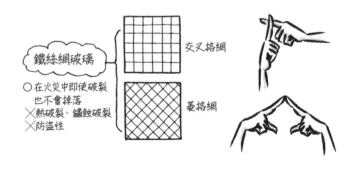

鐵絲網玻璃

○在火災中即使破裂也不會掉落
✕熱破裂、鏽蝕破裂
✕防盜性

交叉格網

菱格網

Q 紗窗、紗門的網子素材為？

A 莎隆（saran）素質網、不鏽鋼網等。

最常被使用的是莎隆素質網。莎隆就是聚偏二氯乙烯類合成纖維的商品
名稱，有不錯的耐水性和不易燃性，因為很輕、加工性也佳，用剪刀就
可以輕易的切斷，又不易撕裂，即使拉張也不太會破裂。

莎隆包裝也是以同樣的材料製成的，是從美國兩位研究者太太的名字，
莎拉和安所合併的字彙。在莎隆素質網中，有綠、藍、灰、黑等顏色，
灰色是最常使用的。

在紗網、門的框上有溝槽，將莎隆素質網嵌入其中，從上方將橡膠的細
繩（橡膠珠子）以專用的滑軌推入固定，推入後以剪刀將莎隆網多餘的
部分切除。

不鏽鋼網比莎隆網的造價較高，且有更不容易破裂、不易燃的優點。

Q 什麼是聚碳酸酯板？

A 一種抗衝擊強度高的塑膠。

聚碳酸酯板常用在車庫屋頂、屋簷、陽台的扶手牆、內裝潢的框窗（用框將板和玻璃包圍的窗戶），也被稱為 **PC** 板。

玻璃硬度較硬，所以比較不容易刮傷，但是有重量較重以及容易破裂的缺點；而聚碳酸酯比較軟，所以比較容易刮傷，卻是質輕且較不容易破裂的材料。另外，聚碳酸酯是可燃的，所以不能替代玻璃來使用在窗戶上。

聚碳酸酯雖輕，但厚度若比較厚也仍然很重，如果是像瓦楞紙中央有空洞的板子，就可以在不容易彎曲的地方使用較輕的板了，這個就稱為聚碳酸酯中空板，中空板經常使用在內裝潢的框窗等地方。

將聚碳酸酯中空板用兩面膠帶貼在玻璃窗的內側，窗的隔熱性會增加，在結露很嚴重的窗戶上值得一試，作者有試過很多次，有相當的效果，若貼在毛玻璃上，也是不錯的設計。

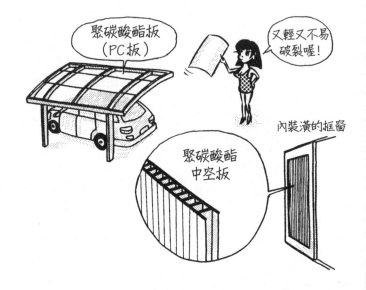

Q 什麼是填充隔熱、外部隔熱？

A 在柱子和間柱中填入隔熱材為填充隔熱，而在外側鋪設隔熱材的就是外部隔熱。

在木造建築中，以往一般都是使用填充隔熱，近年來從鋼筋混凝土結構建築開始使用外部隔熱之後，木造建築也可看見許多採用外部隔熱的住宅。

隔熱材是像棉被一樣的東西，而外部隔熱就是用這個像棉被的材料從建築物外側包住。將外部裝潢材料固定在隔熱材上的時候，要注意不要讓隔熱材中斷，托木也會鋪設在隔熱材上，基礎的隔熱材也鋪設在基礎的外側。

在木造建築中把隔熱材鋪設在外部的效果，並不如在鋼筋混凝土結構建築的效果好，因為木頭沒有像混凝土一樣具有保持熱能的效果。但是比起裝設在內部，將隔熱材裝設在外部是隔熱效果較好的方式。

隔熱材的圖面標示方式如下圖，以重疊的斜線和畫成曲線折折的二種方式來標示，前者為用 CAD 畫時使用，後者則是在手繪時使用，在這裡一起記住吧！

10

內部裝潢

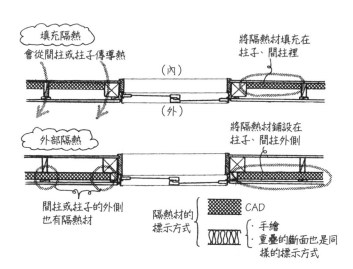

Q 什麼是保麗龍（polystyrene foam）？

A 含有大量氣泡的聚苯乙烯板。

foam有泡泡的意思，保麗龍就是以聚苯乙烯為原料成型的發泡材。商品名稱以styrofoam較為著名，所以也稱為styrofoam。

空氣有較不容易傳導的特質，但是空氣如果流動（對流）的話就會傳遞熱能，為了使空氣不流動，而加入小氣泡固結，隔熱性能就會變高。

在類似的素材——發泡苯乙烯（styrene foam）的情況下，氣泡不是獨立的，而是在苯乙烯顆粒周圍分散的形狀，因而空氣可以進入，隔熱性就不佳。

保麗龍還有不容易消氣的優點，人站在其上也不會凹陷，因而在新的榻榻米內部會使用保麗龍，也有鋪在基礎下方，然後再於其上打上混凝土的方式。

因為氣泡很多而具備較輕的優點，不只是可以減輕建築物本身的重量，施工上也較為輕鬆，且因為不會吸水，所以也有良好的耐水性。

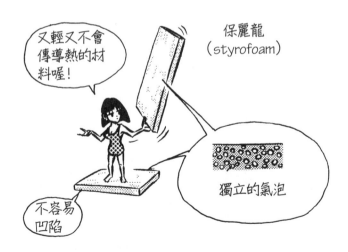

Q 什麼是玻璃絨（glass wool）？

A 將玻璃纖維做成綿狀或羊毛狀的隔熱材、吸音材。

glass 是玻璃，wool 是羊毛的意思。將玻璃做成像羊毛的綿就稱為玻璃絨（glass wool）。因為玻璃不易燃，所以適合作為建材。

鳥的羽毛有很多氣泡，因而具有較輕且較不易傳遞熱的特性；將纖維做成綿狀的時候，中間會有許多的氣泡，所以玻璃絨也具有同樣的性質。有把玻璃絨放在乙烯樹酯製成的塑膠袋裡，或是固結成墊子狀的方式，在木造建築中經常使用的是放在塑膠袋裡的玻璃絨，在袋子的一面上塗上薄薄的鋁膜，使其可以反射熱放射。

玻璃絨一般是以單位體積（1m³）的質量（kg）來表示，有 10 kg/m³、16 kg/m³、24kg/m³ 等。單位體積的質量較大，表示玻璃絨密度較高、獨立的氣泡數也較多，所以隔熱性也較佳。

在厚度50mm、質量 10 kg/m³ 的玻璃絨，標記為 50-10K。較厚、較重的玻璃絨隔熱性就較佳。

玻璃絨的墊子也可以作為吸音材。在類似棉被的軟墊上丟球，球不會反彈回來，這是因為柔軟的棉將球的能量吸收；而在玻璃絨的情況下也是一樣，柔軟的棉振動和裡面的細空氣振動，就可以將聲音的振動能量吸收。

Q 什麼是岩綿吸音板？

A 以岩綿（rock wool）為主原料的裝潢材料，具有不燃性、吸音性和隔熱性。

岩綿吸音板是柔軟且有凹凸狀的內裝潢材，是優良的吸音材，但因為很軟，所以只能使用在天花板上，厚度約為 12、15mm 等。

將 9.5mm 厚的石膏板打在天花頂格柵（支撐天花板的木材）上，再和岩綿吸音板接著，若直接用螺絲釘將岩綿吸音板釘在天花頂格柵上的話，會因為太軟而壞掉。

吸音板除了蟲蝕狀的標準板之外，還有各種凹凸樣式的產品。在廣闊的辦公室或餐廳、講堂等，因為容易發出聲響，常常使用岩綿吸音板鋪設在天花板上，也可以使用在住宅中的部分天花板上。和石綿不同，岩綿吸音板並不會致癌。

　　岩綿＝ rock wool → 可以使用
　　石綿＝ asbestos → 不可使用

Q 什麼是石膏板？

A 將石膏固結成板狀，在兩側貼上紙作為內裝潢用的板子。

石膏是以白粉混合水固結的，石膏像為最為人熟悉的代表物。石膏的英文為 **plaster**，所以石膏板也稱為 **plaster boat**，簡寫為 **PB**。

由於石膏板有不燃和便宜的優點，因此大量的被使用在內裝潢用的板子上，合板大約為一千日圓以上，**PB** 則大概幾百日圓左右。

但是石膏怕水，也容易缺損，所以不會使用在外牆上。而在廚房的牆壁等地方的白石膏板會貼上耐水紙，又稱為防水石膏板，這種板也大量的使用在會出現水的地方。

無法使用釘子或螺栓固定是其困難點，當想在石膏板上吊掛畫作時，就必須要使用特殊的金屬物件。

不可燃性
便宜

石膏 (Plaster) ＋紙

X怕水
X易缺損
X無法使用釘子、螺絲釘

石膏板
plaster boat
PB

將石膏固結成板狀

在兩側貼上紙

Q 在牆壁和天花板上使用的石膏板厚度為？

A 一般在牆壁的石膏板為 **12.5mm**，天花板則為 **9.5mm**。

 因為牆壁有可能會被家具或吸塵器撞倒，而人的身體也會靠在牆壁上，所以會使用較厚的板，通常是使用厚度 **12.5mm** 的板，但也有使用 **15mm** 的，而天花板不用擔心會有東西靠著，所以會使用比牆壁還薄的 **9.5mm**。

一般為了使牆壁的遮音性更佳，會使用二塊 **12.5mm** 的板重疊鋪設。重疊鋪設的板子穿過天花板，連接到天花板上方的結構材，這是為了使聲音傳達到天花板裡而不會傳到隔壁，甚至在板與板的內側空間裡填入玻璃絨，也會有防止聲音震動的效果。

Q 該如何處理石膏板間的接縫？

A 使用膠帶和油灰（**putty**）做接縫處理。

若不處理石膏板的接縫會看到凹陷，且經過長時間接縫變動之後，在表面的加工面上可能會產生裂紋。

在此施作接縫處理來填平凹陷並使接縫不會分離，稱為接縫工法。

最初以油灰填滿凹陷處，再於其上貼上膠布，最後塗上油灰使其均勻平坦，也有一開始就貼上較大的膠布，再施作油灰處理的方式。

膠布是以纖維強化縱橫方向的樹脂製成的，可以防止石膏板間分離，油灰則是由水泥等材料製成，塗上固結之後會變得平滑。

若是在公寓裡較便宜的牆壁，也有不做這種接縫處理，而直接貼上乙烯布的情形，但乙烯布經過長時間會產生裂紋或凹凸不平，所以使用油灰施作接縫處理是較佳的方式。

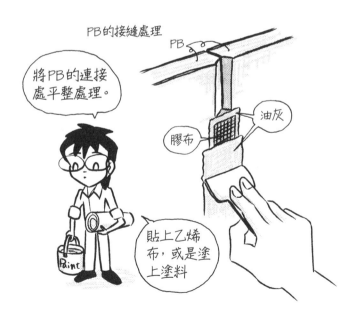

PB的接縫處理

將PB的連接處平整處理。

PB

油灰

膠布

貼上乙烯布，或是塗上塗料

Q 什麼是化妝石膏板？

A 在石膏板上開細小的洞，或貼上有顏色、紋路的紙。

化妝石膏板是不需要塗裝或貼乙烯布，直接鋪設石膏板後就可以完工的板材。

表面有蟲蝕狀細小孔的石膏板，在天花頂格柵上用釘書針固定即可，很像是吸音板，但它的孔比較淺，不用太期待它的吸音效果。較常見到的紋路通常是模擬石灰華、鈣華（**travertine**）的石頭，但一般市面上還是普遍以其厚度及耐火程度作分類，而其價格較便宜，常使用在寬廣的辦公室或教室等。

另外，印刷了木紋的石膏板也經常被使用在低造價住宅的和室天花板裡，近年來，由於印刷技術進步，甚至可以達到無法看出是印刷技術的效果。

也有事前先貼好乙烯布的石膏板，但使用在牆壁上時會出現接縫，所以較不常被使用。

細小蟲蝕狀的孔

travertine紋路的孔

貼上印有紋路的紙。

木頭紋路

乙烯布式樣

Q 什麼是石膏金屬網板（lath board）？

A 作為灰泥等泥作工程（日：左官工程）的基礎，有許多開孔的石膏板。

lath 就是在塗裝牆的基礎裡的金屬網或木摺（鋪設在泥作工程上的細長板），**lath board** 就是指代替金屬網的板。為了使塗上的灰泥等材料不會脫落，而在表面上開無數個小孔。

泥作工程指的是水泥砂漿、灰泥等的塗裝牆或塗裝牆工程。灰泥就是在石灰中加入麻等纖維或海螺，經過水提煉出來的加工材，使用在和室或倉庫的牆壁等地方上。

石膏金屬網板被使用在室內的泥作工程中，而在室外的泥作工程中使用的是防水性較強的 lath 替代品。

注：在日文裡，泥作工程又稱「左官工程」，是日本土
　　工匠所稱的「土水工程」及與土水相關的「建築
　　裝修」工程。

Q 什麼是 flooring？

A 地板面板的意思。

以前在鋪設地板的時候，將天然木材一片一片槽榫連接起來，槽榫就是在斷面的前端削出一個凸起物，而在另外一方的斷面上插入的東西。

從槽榫的部分開始，在鋪底板上使用黏著劑後，釘上細釘固定住，現今在造價高的地板中也會使用天然的材料來建造。

而現在一般的地板材料會在寬 910 或 455mm、長 1,820mm 的合板上，鋪設美化表面的板。在表面加工的薄板稱為突起板，突起板上有挖溝槽，看起來就像是以一片一片以槽榫方式連接的，但是當大板子的連接時，還是要使用槽榫方式來施作。

地板材料的厚度為 12、15mm 左右，在其下方鋪設 12mm 左右的合板（混凝土板或結構用合板），在經費少的時候就不使用合板，而直接在地板格柵上釘上地板。

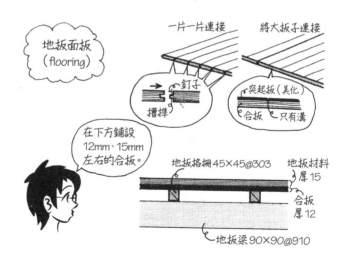

Q 什麼是吸震地板材（cushion floor）？

A 在印上紋路的樹脂薄布裡打上緩衝材的地板材。

表面印有紋路的樹脂薄布裡附有毛氈狀的軟墊，取 cushion floor 的首字，簡稱為 CF 薄布。厚度有 1.8、2.3、3.5mm 等，遇到水也很難會被破壞，所以常常使用在廚房、洗臉更衣室、廁所的地板上，而最大的優點就是便宜，且可以直接在合板上接著薄布就可以，也能用剪刀就切割，施工很輕鬆。

隨著印刷技術的進步，其外表看起來也變得更美觀，但是仍有放置家具會有留下凹痕的缺點。

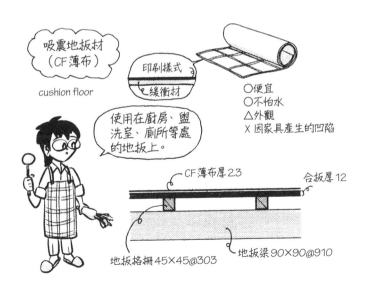

吸震地板材
（CF薄布）

cushion floor

印刷樣式

緩衝材

○便宜
○不怕水
△外觀
✕ 因家具產生的凹陷

使用在廚房、盥洗室、廁所等處的地板上。

CF薄布厚2.3

合板厚12

地板格柵45×45@303

地板梁90×90@910

Q 榻榻米的厚度為？

A 60、55mm左右。

以前用稻草做成的台（榻榻米地板），其地板厚度一般為**60**或**55mm**，現在在台上大多使用保麗龍（**styrofoam**）製榻榻米，就出現了約**30mm**的薄榻榻米。

相對於稻草製榻榻米的重約**30**公斤，保麗龍的榻榻米只要**15**公斤，變得相當輕；另外具有隔熱、不容易發霉、長壁蝨等的優點。也會使用沒有加上邊緣、簡潔的榻榻米，且將榻榻米做成約半間見方的正方形，這和沒有邊緣的琉球榻榻米都變得很常見。

當榻榻米厚度為**60mm**時，和地板面板的**15mm**厚度就會產生**45mm**的段差，若要收在同一個平面上，榻榻米部分的鋪底就必須往下**45mm**。

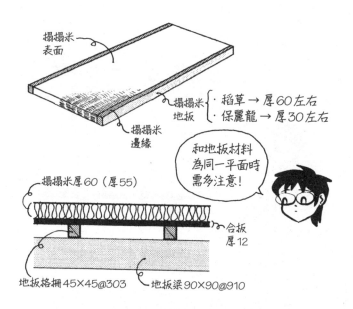

榻榻米表面

榻榻米地板 ｛ ·稻草 → 厚60左右　·保麗龍 → 厚30左右

榻榻米邊緣

和地板材料為同一平面時需多注意！

榻榻米厚60（厚55）

合板厚12

地板格柵45×45@303　　地板梁90×90@910

Q 為什麼要加上踢腳板？

A 為了使牆壁和地板的連接處變好看，也為了不讓髒污變得明顯，且可以用來補強牆壁下方的部位。

 踢腳板指的是在牆壁底部加上的細長板。牆壁和地板的邊界線要做成直線的話，必須要提升工程的精度，但是因為一般通常無法提升精度，所以會在牆壁和地板相接的地方加上踢腳板，即使地板材或牆壁材有稍微不精確的切割，因為有踢腳板可以將邊界的線隱藏起來，也可使其看起來就像是直線。

貼乙烯布或塗裝工程剛剛好在踢腳板的上方停止，也扮演著加工終止的角色。

另外牆壁下面的部位會碰到人的腳或家具、也會被吸塵器等東西撞倒、或者是灰塵會堆積，是容易毀壞且容易髒污的部分，因此也常打上深色的踢腳板，使其看起來較不容易沾染髒污，並作為牆壁的補強。

木製踢腳板的大小為6mm×60mm左右，而樹脂製的軟踢腳板因為較便宜，所以較薄，尺寸約1mm×60mm，用剪刀就可以很容易剪裁，工程也較為輕鬆。

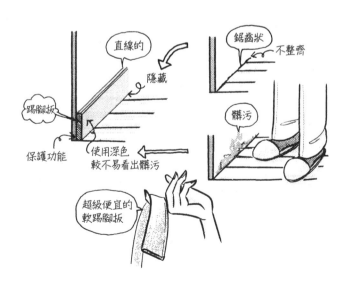

Q 為什麼要加上填縫材？

A 埋在榻榻米和牆壁的隙縫間，使收邊更完整。

在和室中，常常有柱子比牆壁表面還要突出的情況，稱為真壁造，順帶一提，將柱子隱藏起來的就稱為大壁造。

真壁造 → 柱子突出
大壁造 → 隱藏柱子

在柱子比牆壁還要突出的設計中，榻榻米和牆壁間就會出現空隙，為了填補這個空隙而放入的細桿件就稱為填縫材。

填縫材也扮演著使牆壁下部和榻榻米端部呈現漂亮直線的部材角色。使整體看起來較為美觀，也就是和踢腳板擔任一樣角色。

有時為了不使牆壁受損，會在和室內設置踢腳板。雖然這並非和室內常見的設計，但若不拘泥於傳統的設計，便可以在和室裡設置踢腳板。

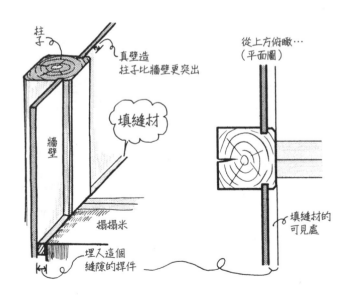

Q 為什麼要設置綫板？

A 使天花板材和牆壁材的收邊較好看。

在牆壁和天花板相接的L形角落上加上的細桿件就稱為綫板。綫板為從 **20mm**見方左右的細桿件到加上各種凹凸設計（裝飾用的曲線狀斷面）的產品都有，也有許多材質的綫板，如木材、鋁、樹脂等。

在固定天花板材和牆壁材時，直接將切割過後的木頭以L形架設的話，會看見接合部位上是鋸齒狀的線，這時只要在上面打上綫板，就變成簡潔的直線加工了。在材料的端部以橫方向放入的部材稱為裝飾材或裝飾邊緣，所以綫板也是裝飾材的一種。

但有時為了壓低價格會省略掉綫板，也會在牆壁和天花板得連接處貼上乙烯布或塗裝來收邊，另外想要呈現較簡潔的設計時，也有刻意將綫板拆掉的情況。

Q 什麼是平頂格柵？

A 用來支撐天花板的角材。

如下圖，將45mm×45mm左右的角材，以455mm間距並排，就變成用來固定天花板的鋪底，而這桿件就稱為平頂格柵。

在平頂格柵上以910mm（半間）的間隔垂直相交打上45mm×45mm的桿件，成為縱橫的格子，打在平頂格柵上方的桿件稱為平頂格柵支承材。

將天花板鋪底的格子吊起來的桿件稱為吊木，以45mm×45mm、縱橫910mm的間隔設置。

平頂格柵、平頂格柵支承材、吊木的名稱雖然不同，但都是以45mm×45mm或40mm×45mm的材料來製作，也和一樓地板格柵一樣，是相同的角材。

另外，也有將平頂格柵和平頂格柵支承材安裝在同一個平面上，作為平坦格子的方式，這個時候因為平頂格柵和平頂格柵支承材兩者都是打在天花板上，所以平頂格柵支承材就也變成平頂格柵。

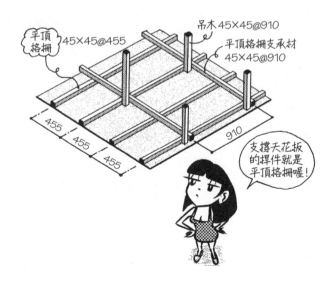

Q 什麼是吊木支承材？

A 用來固定吊木而打上的水平材。

若將吊木固定在二樓地板格柵上的話，二樓地板的振動或聲音就會直接傳到一樓的天花板裡。

為了使聲音較不容易傳出，而從梁到梁間設置比平頂格柵還要大的角材，在這個角材上固定吊木的話，就和二樓的地板切斷關係，所以振動或聲音就較不容易傳遞下來，而固定吊木的橫材就稱為吊木支承材，除了角材之外也使用小的原木。

若沒有在圖面或現場下指示，工匠常常會直接把吊木打在地板格柵上，在工地現場中，工作會導向較容易的方式施作，所以一定要確切的指定使用吊木支承材。

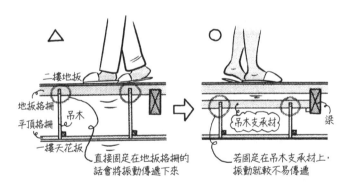

Q 為什麼門框的斷面是凸形呢？

A 因為門擋突出的關係而變成凸形。

如下圖內裝的門大多為在左右和上方加上木製框的三方框，下方的框稱為門檻，在門的地方除了地板的加工材改變而產生段差之外，大多傾向省略下方的框。

不管是三方框上的那一個斷面都是凸形的，因為門擋就埋在靠近框的中央處。功用為阻止門的迴轉、阻絕視線從細縫通過以及增加氣密性等。

門框從牆壁取 **10mm** 左右的錯位，用來使其和石膏板或乙烯布的收邊較美觀。將壁板插入框上的溝槽，壁板和框之間就沒有空隙，雖然門框斷面一般為凸形，但其他還有各種不同的變形版本。

在固定門框時，將門框的埋入的溝槽朝向鋪底的柱子，再用螺絲或螺栓固定，當框固定在鋪底之後，將門擋從上方埋入、打上隱藏的釘子，就不會看到螺絲釘、螺栓的頭了。

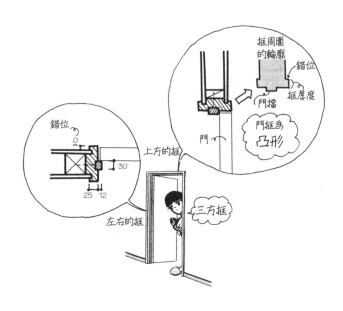

Q 如何將內裝的木製門分別畫在比例尺為 1/20、1/50、1/100 的平面圖上。

A 如下圖所示。

在比例約 **1/10～1/20** 的平面圖上，畫上木製框的門檔，從牆壁的錯位，壁板的插入部位、門（厚 **40mm** 左右），框的詳細尺寸要在 **1/5** 的圖面上指定較為清楚。

若在 **1/50** 左右的圖面上繪製，就得省略一些部位。框只要畫出凸形，壁板的厚度也以不塗成全黑、並用一定寬度的標準來畫即可，重點就是適當的寬。

在 **1/100** 的圖面上不畫框，壁板的厚度和門的厚度都變成粗的一根線，自己試著畫看看就會知道了，沒辦法再畫更多細節，比較看看下圖手和圖面的大小。

在畫 **1/100** 省略掉框的圖時，同時將 **1/10～1/20** 的圖以示意的方式畫出來比較好。

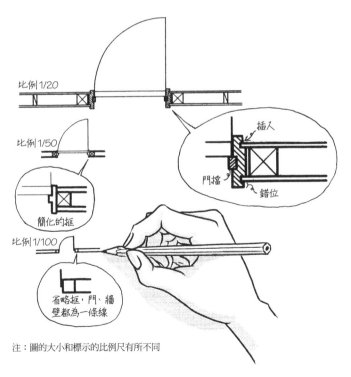

比例 1/20

插入

比例 1/50

門檔

錯位

簡化的框

比例 1/100

省略框，門、牆壁都為一條線

注：圖的大小和標示的比例尺有所不同

Q 門框的錯位和踢腳板的厚度哪一個會做得比較大？

A 錯位會比較大。

為了讓踢腳板可以抵到門框停住，框就必須要比踢腳板還要更突出，如果踢腳板比門框更往外突出，就是樣式較差的收邊。

在下圖設定框的錯位為 **10mm**，踢腳板的厚度為 **6mm**。錯位大多都是取 **10mm**，踢腳板的厚度則多為 **10mm** 以下，這樣的收邊方式較漂亮，先記住框的錯位為 **10mm**，從正面看到的厚度為 **25mm**。

　　　框的錯位 → **10mm**
　　　框的厚度 → **25mm**

Q 什麼是平面門（**flush door**）、框門。

A 平面門是在前後二面貼上板子的門，框門則是用框圍起板子或玻璃的門。

平面門是在內部只放入骨（也稱為框），而在前後二面以板組成三明治狀的門，**flush** 也就是同一平面、平坦的意思。

一般放入瓦楞紙或鋁的芯使其不會壞掉，芯則有格子狀或六角形狀的蜂巢芯（**honeycomb core**，蜂巢狀的六角形芯），或是也有放入保麗龍的平面門。

框門則是和鋁窗一樣用框組成。在內部放入板或玻璃或聚碳酸酯中空板等，放入框門中的板稱為堵子板，因為會大大的影響門的外觀，所以放入品質較佳的化妝板。

不管是哪種門的厚度都是 **40mm** 左右。

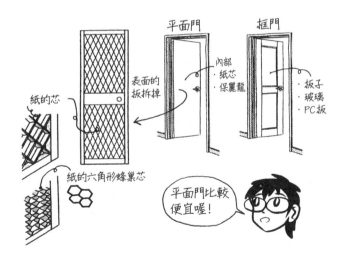

Q 什麼是側桁、縱桁（日：簓桁）？

A 如下圖，將階梯的踏板從二側夾住支撐的板為側桁，而將踏板從下方支撐、形成一段一段形狀的板子為縱桁。

因為是用腳踏，所以樓梯每一階的板稱為踏板，又因為看起來是一段一段的，所以也稱為段板，支撐這個踏板的就是側桁和縱桁。

在日本，簓是在桿件上挖溝的樂器，由於樓梯的鋸齒狀看起來像是簓，而有了簓桁（縱桁）這個名稱。桁是支撐梁、和梁垂直相交、在牆壁上方放置的橫材，支撐橋的橫材也稱為橋桁，而支撐樓梯的板也稱為桁，比較接近於橋桁的使用方式。因為是像簓形狀的桁或在側面加上的桁，而稱為簓桁（縱桁）、側桁。

木造建築或鋼骨結構建築的樓梯，一般為用二側的桁來支撐踏板的構造，在這裡記住踏板、段板、側桁、縱桁的名稱吧！

Q 踏板、踢板、級深（run）、級高（rise）是什麼意思？

A 踏板、踢板為樓梯板的名稱，而級深（梯級踏步）、級高（梯級高度）則為尺寸的名稱。

踏板，如同字面的意思，就是用腳踏的板，又稱段板。因為人會踏在其上，所以使用30～36mm的厚板。

塞住垂直面的板稱為踢板，因其為腳尖會踢入的地方。而只是將空間塞住，所以用9～15mm的薄板就夠了。

梯級踏步也稱為梯級踏步尺寸，是指每階水平方向上的尺寸，如下圖，級深是沒有包含腳尖踢入的梯級鼻端，因為如果加上梯級鼻端的話，級深就會變得太大，所以就規定不要加上梯級鼻端。

梯級高度是一階的高度尺寸，也稱為梯級高度尺寸。住宅的梯級高度、梯級踏步在建築標準法中被規定為23cm以下、15cm以上。

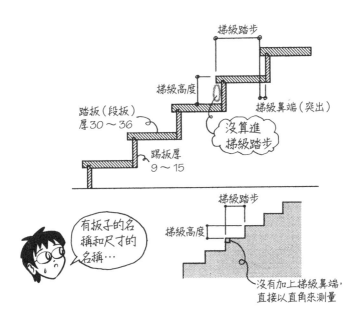

國家圖書館出版預行編目資料

圖解木造建築入門／原口秀昭著；林郁汝譯.—初版.—台北市；積木
文化出版：家庭傳媒城邦分公司發行，民99.09
304 面；12.7*18.6公分；譯自：ゼロからはじめる「木造建築」入門
ISBN：978-986-6595-42-4（平裝）
1.建築物構造 2.木工
441.553　　　　　　　　　　　　　　　　　　　　　99001428

圖解木造建築入門

原 著 書 名／ゼロからはじめる「木造建築」入門
著　　　者／原口秀昭
譯　　　者／林郁汝
審　　　訂／呂良正、唐瑈書
責 任 編 輯／何韋毅

發 行 人／凃玉雲
副 總 編 輯／王秀婷
版　　　權／向艷宇
行 銷 業 務／黃明雪、陳志峰
法 律 顧 問／台英國際商務法律事務所　羅明通律師
出　　　版／積木文化
　　　　　　台北市104中正區民生東路二段141號5樓
　　　　　　電話：(02)25007696　傳真：(02)25001953
　　　　　　官方部落格：http:// www.cubepress.com.tw
　　　　　　讀者服務信箱：service_cube@hmg.com.tw
發　　　行／英屬蓋曼群島商家庭傳媒股份有限公司城邦分公司
　　　　　　台北市民生東路二段141號2樓
　　　　　　讀者服務專線：(02)25007718-9　24小時傳真專線：(02)25001990-1
　　　　　　服務時間：週一至週五上午09:30-12:00、下午13:30-17:00
　　　　　　郵撥：19863813　戶名：書虫股份有限公司
　　　　　　網站：城邦讀書花園　網址：http://www.cite.com.tw
香港發行所／城邦（香港）出版集團有限公司
　　　　　　香港灣仔駱克道193號東超商業中心1樓
　　　　　　電話：852-25086231　傳真：852-25789337
　　　　　　電子信箱：hkcite@biznetvigator.com
馬新發行所／城邦（馬新）出版集團
　　　　　　Cit (M) Sdn. Bhd. (458372U)
　　　　　　11, Jalan 30D/146, Desa Tasik, Sungai Besi,
　　　　　　57000 Kuala Lumpur, Malaysia.
　　　　　　電話：603-90563833　傳真：603-90562833

封 面 設 計／葉若蒂
印 刷 製 版／上晴彩色印刷製版有限公司
印　　　刷／東海印刷事業股份有限公司

城邦讀書花園
www.cite.com.tw

2010年（民99）9月10日初版　　　　　　　　　　Printed in Taiwan

ALL RIGHTS RESERVED.
Japanese title：Zerokara hajimeru Mokuzoukenchiku Nyuumon by Hideaki Haraguchi
Copyright © 2009 by Hideaki Haraguchi Original Japanese edition
Published by SHOKOKUSHA Publishing Co., Ltd, Tokyo, Japan
Chinese translation rights © 2009 by Cube Press
Chinese translation right arranged with SHOKOKUSHA Publishing Co., Ltd, Tokyo, Japan

售價／300元
版權所有‧翻印必究
ISBN：978-986-6595-42-4（平裝）

積木文化

104 台北市民生東路二段141號二樓

英屬蓋曼群島商家庭傳媒股份有限公司城邦分公司 收

地址

姓名

請沿虛線摺下裝訂，謝謝！

以有限資源，創無限可能

編號：VX0016	書名：圖解木造建築入門

積木文化　讀者回函卡

積木以創建生活美學、為生活注入鮮活能量為主要出版精神。出版內容及形式著重文化和視覺交融的豐富性，出版品包括珍藏鑑賞、藝術學習、居家生活、飲食文化、食譜及家政類等，希望為讀者提供更精緻、寬廣的閱讀視野。

為了提升服務品質及更了解您的需要，請您詳細填寫本卡各欄寄回（免付郵資），我們將不定期寄上城邦集團最新的出版資訊。

1. 您從何處購買本書：＿＿＿＿＿＿＿＿＿＿＿ 縣市＿＿＿＿＿＿＿＿＿＿＿ 書店

   □書展 □郵購 □網路書店＿＿＿＿＿＿＿＿＿ □其他＿＿＿＿＿＿＿＿＿＿＿＿

2. 您的性別：□男 □女　您的生日：＿＿＿＿＿＿年＿＿＿＿＿＿月＿＿＿＿＿＿日

   電子信箱：＿＿＿＿＿＿＿＿＿＿＿＿＿＿＿＿＿＿＿＿＿＿＿＿＿＿＿＿＿＿＿＿＿＿

   身分證字號：＿＿＿＿＿＿＿＿＿＿＿＿＿＿＿＿＿＿＿＿＿＿＿＿＿＿＿＿＿＿＿＿

   聯絡電話：＿＿＿＿＿＿＿＿＿＿＿＿＿＿＿＿＿＿＿＿＿＿＿＿＿＿＿＿＿＿＿＿＿＿

3. 您的教育程度：

   □碩士及以上 □大專 □高中 □國中及以下

4. 您的職業：

   □學生 □軍警/公教 □資訊業 □金融業 □大眾傳播 □服務業 □自由業

   □銷售業 □製造業 □其他＿＿＿＿＿＿＿＿＿＿＿＿＿＿＿＿＿＿＿＿＿＿＿＿

5. 您習慣以何種方式購書？

   □書店 □劃撥 □書展 □網路書店 □量販店 □其他＿＿＿＿＿＿＿＿＿＿＿＿＿＿＿

6. 您從何處得知本書出版？

   □書店 □報紙/雜誌 □書訊 □廣播 □電視 □其他＿＿＿＿＿＿＿＿＿＿＿＿＿＿＿＿

7. 您對本書的評價（請填代號 1非常滿意 2滿意 3尚可 4再改進）

   書名＿＿＿＿＿＿ 內容＿＿＿＿＿＿ 封面設計＿＿＿＿＿＿ 版面編排＿＿＿＿＿＿ 實用性＿＿＿＿＿＿

8. 您購買本書的考量因素有哪些：（請依序1～7填寫）

   □作者 □主題 □插圖 □出版社 □價格 □實用 □其他＿＿＿＿＿＿＿＿＿＿＿＿＿＿＿

9. 您希望我們未來出版何種主題的書籍：

   ＿＿＿

   ＿＿＿

10. 您對我們的建議：

    ＿＿＿

    ＿＿＿